alles wild!

FRÜCHTE NÜSSE KRÄUTER PILZE
ERKENNEN • SAMMELN • GENIESSEN

alles wild!

FRÜCHTE NÜSSE KRÄUTER PILZE
ERKENNEN • SAMMELN • GENIESSEN

Jonathan Hilton

Impressum

© 2007 by Hamlyn, a division of Octopus
Publishing Group Ltd., London
Titel der Originalausgabe „wild food. for free."

© 2007 Neuer Umschau Buchverlag GmbH
Neustadt an der Weinstraße, für die deutsche
Ausgabe

Alle Rechte der Verbreitung in deutscher
Sprache, auch durch Film, Funk, Fernsehen,
fotomechanische Wiedergabe, Tonträger
jeder Art, auszugsweisen Nachdruck oder
Einspeicherung und Rückgewinnung in Datenver-
arbeitungsanlagen aller Art, sind vorbehalten.

Übersetzung
Betina Berriel Díaz

Lektorat
Ilka Grunenberg

Satz
Silke Müller

Printed in China
ISBN 978-3-86528-293-4

Hinweis

Achtung

Inhalt

EINLEITUNG

Ein wenig über Pflanzen zu erfahren, die nicht nur essbar, sondern auch noch lecker sind, hat nichts mit Überlebenstraining zu tun, es sei denn, es ereignet sich eine unerwartete Katastrophe, dann wird Ihr Überleben wohl gesichert sein. Nein, es geht vielmehr um das Wiedererlangen von Naturverbundenheit, darum, sich in der Natur heimisch zu fühlen, ganz gleich, wo man sich befindet.

Wildpflanzen sammeln

Wir sind buchstäblich umringt von leckeren, gesunden Wildpflanzen. Der wilde Gemüsemarkt liegt vor uns und liefert praktisch alles, was wir für eine nachhaltige, ausgewogene Ernährung und ein gesundes Leben benötigen – und das alles kostenlos!

Der Teil der heute auf dem Planeten extensiv bewirtschafteten Flächen nimmt unter der jährlich wachsenden Weltbevölkerung stetig zu. Doch auf diesen immer größer werdenden Anbauflächen wachsen immer weniger Pflanzenarten. Auf Abermillionen Hektar Land wird nicht nur eine bestimmte Nutzpflanzenart angebaut, oftmals wachsen auf den endlosen Feldern exakt identische, genetisch veränderte, ertragsstarke und düngerabhängige Züchtungen. Diese Monokulturen aus Hochleistungspflanzen sind äußerst anfällig für naturgegebene Katastrophen, was daran deutlich wird, dass gut ein Drittel der weltweit angebauten Nutzpflanzen durch Schädlinge oder Krankheiten zerstört werden, noch bevor sie erntereif sind.

Ein immer kleiner werdender Kreis

Wir waren nicht immer schon auf einige wenige Nutzpflanzen angewiesen. Es mag überraschen, dass man in der schriftlich überlieferten Geschichte von mehr als 10.000 essbaren Pflanzenarten verschiedener Kulturkreise weiß (Pilze und Algen eingeschlossen). Es ist durchaus realistisch anzunehmen, dass dieselbe Anzahl potenziell essbarer Pflanzen unentdeckt dort draußen gedeiht. Von diesen 10.000 Pflanzen sind lediglich 150 in nennenswertem Maße angebaut worden. Aus diesem Genpool stammt fast die Gesamtheit der heute im Handel erhältlichen Speisepflanzen, die dahingehend gezüchtet wurden, mehr Samen zu produzieren, robustere Zweige und größere Blätter oder Blüten hervorzubringen, schneller ertragsreichere Ernten zu liefern oder was auch immer als wünschenswert erachtet wurde.

Dieser Prozess eines immer kleiner werdenden Kreises aus immer weniger essbaren Pflanzenarten hat dazu geführt, dass heutzutage 90 Prozent des weltweiten Nahrungsbedarfs von nur 20 Pflanzenarten geliefert werden und von diesen 20 Arten sind es lediglich drei Getreidesorten – Mais, Weizen und Reis –, die mehr als 50 Prozent des weltweiten Kalorienbedarfs decken.

Zurück zur Naturverbundenheit

Es ist nicht zu spät, um den Schlüssel zur wilden Speisekammer der Natur wiederzufinden. Es gibt wohl kaum einen Menschen, der nicht schon einmal Brombeeren oder Himbeeren gesammelt und sich an der saftigen Süße dieser reifen, direkt vom Busch gepflückten Früchte erfreut hat.

Die Natur bietet uns gesundes und bekömmliches Wild Food, wie etwa die köstlichen Früchte dieses wilden Kirschbaums.

Vielleicht wussten Sie als Kind von einem verlassenen Garten, in dem ein alter Walnussbaum stand. War da nicht ein wildes Erdbeerfeld, gerade neben dem Schulweg? Und war der Geschmack dieser kleinen, unregelmäßig geformten Früchte nicht besser als alles, was die Regale des Supermarktes je zu bieten hatten?

Der alte Walnussbaum mag lange weg sein, die Beeren dem Wohnungsbau gewichen, doch diese und Hunderte anderer essbarer Pflanzen, Pilze und Algen warten noch darauf, von Ihnen wiederentdeckt und genüsslich verspeist zu werden.

Ein Wort zur Sicherheit

In früheren Zeiten war die einzige Möglichkeit herauszufinden, ob eine Pflanze essbar ist oder nicht, es auszuprobieren und sich gegebenenfalls zu irren. In manchen Fällen waren die Folgen

Das Wissen um genießbare und ungenießbare Pflanzen ist häufig unter Opfern erlangt worden.

ernst, zuweilen endeten sie mit dem Tod – viele der tödlichsten und heute meist synthetisch hergestellten Gifte stammen ursprünglich aus dem Pflanzenreich.

Oftmals waren die Kostproben nicht giftig, sondern sie schmeckten einfach nur widerwärtig, viele führten zu Verdauungsbeschwerden und manch andere zu Halluzinationen. So wurden gleichermaßen zahlreiche Pflanzen entdeckt, die eher als Heilmittel denn als Speise dienen würden und die meisten der in unserer hoch technisierten, modernen Medizin verwendeten Medikamente wurden entweder direkt von pflanzlichen Inhaltsstoffen abgeleitet oder es sind künstliche Substanzen, deren Synthese auf den Kenntnissen der im Pflanzenreich vorkommenden Stoffe beruht.

Doch ausprobieren sollte strikt unterlassen werden. Folgender Faustregel werden Sie in diesem Buch noch öfter begegnen, doch man kann nicht oft genug darauf hinweisen: Wenn Sie sich nicht absolut sicher über die Genießbarkeit einer Pflanze sind – lassen Sie sie stehen!

Zur Benutzung des Buches

Die folgenden Kapitel sind nach vage definierten Lebensräumen aufgeteilt – Standorte, wo Pflanzen bevorzugt wachsen. Diese Herangehensweise ermöglicht es, ein bestimmtes Gebiet auf sein essbares Potenzial hin zu durchforsten.

Wenn Sie nicht gerade nach speziellen Pflanzen suchen, sondern beispielsweise wissen, dass Sie an die Küste fahren oder Ihren Campingurlaub in einem Heide- oder Waldgebiet verbringen, dann erleichtert dieser Aufbau es, etwas über die Pflanzen zu erfahren, die dort am wahrscheinlichsten vorkommen und diese auch zu finden.

Die Brombeere steht seit Tausenden von Jahren auf unserem Speiseplan. Zäh überwuchert sie brachliegendes Land.

Wenn Sie gezielt nach bestimmten Kräutern, Früchten, Nüssen, Samen usw. suchen möchten, können Sie die entsprechenden Informationen aus den verschiedenen Kapiteln heraussuchen und die jeweilige Sammelzeit bestimmen. Reicht die Blütezeit einer bestimmten Pflanze vom Spätsommer bis zum Frühherbst, so finden Sie im Pflanzenführer die Angaben dazu, wann Sie am besten mit der Suche beginnen sollten. Ebenso werden Sie im Voraus wissen, dass die Sprossen einer anderen Pflanze zu Frühlingsbeginn am schmackhaftesten sind und wann genau Sie diese finden.

Diese zeitlichen Angaben stellen, wie die zu Wuchshöhe und Umfang, lediglich eine grobe Richtlinie dar. Vieles hängt vom Mikroklima des Gebiets und von den klimatischen Gegebenheiten des Jahres ab. Nach einem normalen Winter hält der Frühling im März Einzug, bei einem besonders rauen Winter hingegen kann sich der Frühlingsbeginn bis Mitte April verzögern. Gleichermaßen kann der Frühling nach einem milden Winter bereits im Februar einsetzen. Um den richtigen Sammelzeitpunkt zu bestimmen, hilft Ihnen das Wissen um regionale Gegebenheiten.

Das letzte Kapitel sorgt dafür, dass sich Ihre Bemühungen auch wirklich lohnen. Hier finden Sie eine Reihe köstlicher Rezepte, in denen Sie Ihre selbst gesammelten Wildpflanzen verarbeiten können.

Wichtiges beim Pflanzensammeln

Wildpflanzen in der Natur zu sammeln ist für die meisten nichts weiter als eine harmlose und spaßige Freizeitbeschäftigung, doch es gibt einige Regeln, an die man sich stets halten sollte.

Wildpflanzen sammeln ist nicht nur ein Freude bringender und preiswerter Weg, um exzellentes Wild Food aufzutischen, es ermöglicht uns eine ganze Reihe neuartiger Gaumenfreuden zu entdecken. Diese oftmals eher subtilen Geschmäcker sind ganz anders als jene, die uns von den Kulturpflanzen her bekannt sind, die wir auf dem Markt, beim Gemüsehändler oder im Supermarkt kaufen. Und die Freude, die es bereitet, Wälder zu durchstreifen, Hügel zu erklimmen oder bei Ebbe den Strand zu durchkämmen und das Wissen und die eigene Erfahrung zu nutzen, um vollkommen naturbelassene Produkte zu sammeln, ist einfach unbezahlbar. Es ist herrlich so zur Naturverbundenheit zurückzukehren, die das Leben unserer Vorfahren bestimmte, und zu erahnen, wie es wohl gewesen sein mag, als es noch überlebenswichtig war zu wissen, wie und wo in der freien Natur Essbares zu finden ist.

Allerdings gehört es zur Eigenart der Wildpflanzen, dass ihr Fortbestehen von den richtigen Bedingungen wie Regen, Sonne und Temperatur abhängt und keinesfalls immer gesichert ist, zumal sie nicht auf wohlwollende Eingriffe von außen zählen können. Für uns alle bedeutet dies ein Höchstmaß an Verantwortung. Wir sollten also ein Feingefühl für die Bedürfnisse der Pflanzen und ihrer Lebensräume entwickeln, damit

sie auch im kommenden Jahr dort wachsen und gedeihen und unsere Nachfahren sich weiterhin an ihnen erfreuen können.

Rechtliches

Es ist generell nicht gestattet, Privateigentum zu betreten. Besorgen Sie sich, wenn nötig, die Erlaubnis des Eigentümers und stellen Sie klar,

Sammeltradition

Das Sammeln wilder Früchte, Nüsse, Blätter, Beeren und Pilze (siehe Seiten 18–19) ist eine über zahllose Generationen zurückreichende Tradition. Pflanzen dort zu sammeln, wo sie in Fülle gedeihen, und lediglich so viel mitzunehmen, wie man gerade benötigt, richtet vermutlich keinen Schaden an. Nehmen Sie keine größeren Mengen zum Einfrieren oder Trocknen mit, damit die natürliche Nahrungsquelle nicht versiegt, und lassen Sie stets so viele Samen zurück, dass der Fortbestand gesichert ist. Rufen Sie sich auch immer wieder die Sicherheitstipps ins Gedächtnis. Verwenden Sie beispielsweise niemals Pflanzen oder Pflanzenteile aus der freien Natur, die nicht mit absoluter Sicherheit identifiziert wurden.

dass Sie Pflanzen sammeln möchten, um diesbezüglich keine Schwierigkeiten bekommen. Die Ränder eines bebauten Ackers mögen zwar ungeeignet zum Pflügen und Säen sein, dies bedeutet jedoch nicht, dass man jede dort wild wachsende Pflanze pflücken darf. Erteilt der Landeigentümer die Erlaubnis, so nutzen Sie die Gelegenheit, um zu erfahren, ob und welche Dünger, Herbizide oder Pestizide dort verwendet wurden (siehe auch Seiten 16–17), da diese Faktoren die Genießbarkeit der dort wachsenden Pflanzen womöglich direkt beeinträchtigen.

Selbst in der freien Natur wachsende Wildpflanzen sind rechtlich gesehen das Eigentum von irgendjemandem und es ist illegal, diese für nur annähernd kommerziell erscheinende Zwecke zu nutzen, wie beispielsweise für den Verkauf. Dagegen ist es äußerst unwahrscheinlich, dass das Sammeln für den persönlichen Gebrauch Aufsehen erregt oder gar zu Schwierigkeiten führt. Pflanzen zu entwurzeln ist allerdings ein anderes Thema.

Pflanzen ohne ausdrückliche Erlaubnis für kommerzielle oder persönliche Zwecke zu entwurzeln, auch solche, die auf öffentlichem Land gedeihen, ist nicht nur unverantwortlich, sondern verboten, obwohl dies von der Region und dem Land abhängen mag. In vielen der folgenden Pflanzenbeschreibungen wird auf die Genieß- und Verwendbarkeit der Wurzeln hingewiesen. Doch selbst mit der entsprechenden Erlaubnis eine Pflanze auszugraben, um an diese Teile heranzukommen, sollten Sie dies nur dann tun, wenn die Pflanze im gegebenen Areal prächtig und in Fülle gedeiht. Außerdem sollten Sie sehr darauf bedacht sein, den angrenzenden Boden und nahe stehende Pflanzen nicht unnötig zu strapazieren.

Das Entdecken einer Gruppe Pilze auf einem offenen Feld, verleiht Ihnen nicht automatisch das Recht, diese auch zu pflücken.

Praktisches

Hier ein paar praktische Tipps, um Ihre Zeit effektiv zu nutzen und so viel hochwertiges Pflanzenmaterial wie nötig so rasch wie möglich zu finden und zu sammeln.

- Pflücken Sie nur gesund aussehende Pflanzen. Übergehen Sie beschädigte oder welke Blätter, schlaffe oder blassfarbene Triebe sowie Früchte, Beeren und Nüsse, die von Insekten, Vögeln oder anderen Tieren befressen wurden. Seien Sie behutsam beim Sammeln von weichen Früchten und Beeren, um deren

Wegen des zum Verwechseln ähnlichen Gefleckten Schierlings bedarf der Wiesenkerbel einer zweifelsfreien Identifizierung.

Haltbarkeit nicht versehentlich zu verkürzen. Bei vielen Pilzarten ist es geboten, insbesondere ältere und bereits schwammig gewordene Exemplare auf Madenbefall zu untersuchen.

- Spazieren gehen ist an warmen Sonnentagen besonders schön und die beste Sammelzeit ist ein paar Tage nach einem kräftigen Regenguss. Frisch vollgesogen entwickeln Pflanzen neue Lebenskraft und ihre Energie wird in Form von explosionsartigem, saftigem Wuchs freigesetzt. Zudem wäscht der Regen die Pflanzen sauber. Allerdings sollte man dem Boden genügend Zeit lassen die Feuchtigkeit aufzunehmen, um keine festgepappten Fußstapfen zu hinterlassen.

- Rinde sollte stets nur von den kleinsten tauglichen Ästen und Zweigen stammen. Entfernen Sie keine Rinde von langen Ästen, dem Hauptast oder dem Stamm. Wenn Sie einen ganzen Ast benötigen, verwenden Sie eine scharfe Klinge oder Baumsäge und schneiden Sie ihn sauber ab, um so die Gefahr des Eindringens von Krankheiten durch die Wunde so gering wie möglich zu halten. Achten Sie beim Verwenden einer Säge auch darauf, die benachbarten Äste nicht versehentlich zu beschädigen.

- Seien Sie nicht versucht, bloß um sich das Sammeln zu erleichtern, Wildpflanzen in der freien Natur einzuführen, die nicht naturgegeben dort wachsen. Es ist schlicht unmöglich vorherzusagen, ob das örtliche Gleichgewicht der Natur durch eine neue Einführung gestört wird.

Der richtige Zeitpunkt

Die ideale Jahres- und Tageszeit, um sich auf Pflanzensuche zu begeben, hängt von einer ganzen Reihe verschiedener Faktoren ab:

- Bei manchen Pflanzen und den meisten Pilzen ist es am besten frühmorgens aufzubrechen, um den Korb, noch bevor die Sonne den Morgentau verdunstet hat, zu füllen.

- Kräuter, deren einzigartige Aromen zum Verfeinern von Speisen dienen, sammelt man am besten während der heißesten Zeit des Nachmittags. Dieser Zeitpunkt ist auch zum Pflücken der meisten Kräuterblüten der geeignetste.

- Für die Samenernte gilt als allgemeine Regel, ab dem Ende der Blütezeit etwa einen Monat zu warten. Liegt die Blütezeit beispielshalber zwischen Juni und August, können Sie ab September anfangen nach reifen Samen zu suchen. Selbstverständlich gibt es Ausnahmen und nichts vermag selbst erworbene Erfahrung zu ersetzen.

- Um Wurzeln und Knollen zu sammeln, muss man bisweilen tief graben, eine Aufgabe, die im Frühling und Herbst wegen des feuchten Bodens leichter fällt. Rhizome ausgraben ist deshalb einfacher, weil diese Verbindungsstücke zwischen Wurzel und oberirdischer Pflanze meist knapp unter der Oberfläche verlaufen.

- Früchte, Nüsse und Beeren sind bei Sammlern besonders beliebt und werden im Reifezustand gepflückt bzw. kurz vorher, wodurch sie länger haltbar sind. Obwohl in den meisten Fällen der Herbst die Zeit der Fruchternte ist, sollte Ihr Wissen um die lokalen Gegebenheiten maßgebend sein, um zu beurteilen, welche Jahreszeit die wohl Beste zum Sammeln ist. Denn zu früh gepflückt schmeckt so manches fahl, was durch zu langes Warten überreif würde. Es gilt den richtigen Zeitpunkt zur Ernte abzupassen.

Allgemeine Sicherheitstipps

In unseren Zeiten der massiven Verstädterung leben viele Menschen an Orten, wo sie von den natürlichen Nahrungsquellen des umliegenden Landes regelrecht abgeschnitten sind. Aus diesem Grund sind einige allgemeine Sicherheitstipps unverzichtbar.

In der modernen Welt, in der wir leben, überrascht es nicht, dass die meisten von uns den Kontakt mit dem ringsum gedeihenden Wild Food verloren haben und deshalb einfach nicht mehr wissen, was genießbar ist und was ungenießbar.

Der beste Weg, um dieses Wissen wiederzuerlangen, besteht darin, in Begleitung eines erfahrenen Sammlers nach essbaren Wildpflanzen zu suchen. Dieser sollte imstande sein, auf die besonderen Merkmale der heimischen Pflanzen hinzuweisen und Ihnen beizubringen, die in der Küche verwendbaren Pflanzen während verschiedener Wachstumsstadien zu erkennen. Noch wichtiger aber ist es zu erfahren, welche Pflanzen ungenießbar oder gar gefährlich sind, sodass Sie etwaige Gesundheitsrisiken ausschließen können.

Selbst alte Hasen im Geschäft des kostenlosen Speisens können sich irren – wenn Sie sich bei der Bestimmung nicht absolut sicher sind oder Ihnen andere Umwelteinflüsse bedenklich erscheinen, dann befolgen Sie diese allgemeinen Richtlinien.

Umwelteinflüsse

- Wachsen Pflanzen auf in Siedlungsnähe gelegenem Brachland, in Parks oder Forstgebieten, so könnten sie mit Pestiziden belastet sein. Das Gleiche gilt für Pflanzen, die in der näheren Umgebung von bewirtschaftetem Ackerland wachsen. Waschen Sie alle an diesen Fundorten gesammelten Pflanzen besonders gründlich.

- Pflanzen, die auf dem Grünstreifen am Straßenrand wachsen, sind wegen der Abgase der vorbeifahrenden Autos vermutlich mit einem Schmutzfilm überzogen. Der heute meist bleifreie Treibstoff bedeutet zwar eine geringere Belastung, trotzdem sollten Sie in Straßennähe wachsende Pflanzen vor dem Verzehr besonders gründlich waschen.

- Pflanzen, die nahe stehenden Gewässern wachsen, könnten mit Parasiten befallen sein, die zu Magenverstimmungen oder Schlimmerem führen. Solche Pflanzen sollten ein paar Minuten gekocht werden, um mögliche Parasiten abzutöten, und eignen sich folglich nicht als Rohkost. Gleiches gilt für Pflanzen, die in der Nähe von zur Wasserableitung von Ackerland dienenden Gräben wachsen, da sie mit Düngemitteln und Pestiziden belastet sein könnten.

Gehen Sie auf Nummer sicher

- Allgemein gilt, dass auf zerquetschte und überreife oder gar zu faulen beginnende Früchte verzichtet werden sollte. Selbst normalerweise einwandfrei genießbare Früchte können unter diesen Umständen toxisch wirken.

- Die meisten Menschen kennen den Blausäuregeruch der Mandel – vermeiden Sie jeden Pflanzenteil, der nur annähernd so riecht. Die Mandel selbst gehört, wie die Kirsche und die Pflaume, zur Familie der Steinobstgewächse. Diese Früchte sind zwar generell genießbar, doch schmeckt eine Frucht oder Nuss besonders bitter oder weist sie ein intensives Mandelaroma auf, sollte auf den Verzehr verzichtet werden.

- Bedenken Sie, dass man auch auf essbare Pflanzen überempfindlich reagieren kann. Was zuvor noch nie gekostet wurde, sollte man zunächst ein paar Minuten an die Lippen halten. Bemerkt man nichts, kann ein kleines Stück auf die Zunge gelegt werden. Anschließend sollte, wenn wieder keine Reaktion spürbar wird, eine winzige Portion gründlich zerkaut werden. Spürt man innerhalb von zwei Minuten abermals keinerlei Reaktion, kann man von einer guten Verträglichkeit ausgehen.

- Pflanzen mit milchtrübem Saft sollten generell gemieden werden. Gleiches trifft auf Bohnen und Samenhülsen zu, es sei denn, sie stammen von einer Pflanze, von der Sie sicher wissen, dass diese Teile essbar sind.

Achtung

Bei Pilzen ist kein Raum für Irrtümer – entweder Sie wissen ganz sicher, mit welcher essbaren Spezies Sie es zu tun haben, oder Sie lassen die Finger davon (weitere Informationen auf den Seiten 18–19). Bei manchen Pilzarten kommt es erst viele Stunden nach dem Verzehr zu merklichen Symptomen.

Selbst uns vertraute Früchte, wie etwa die Mandel, können Gefahren bergen, wie auf den Seiten 44–45 erläutert.

Einleitung

Pilze – aber sicher!

Seien Sie beim Pilzesammeln sehr auf Sicherheit bedacht. Einige Arten können zu Krankheiten oder gar zum Tode führen. Doch wenn Sie sich an diese Regeln halten, werden Sie schon bald ein achtsamer, aber selbstsicherer Pilzesammler sein.

Einleitung

Die beste Zeit für die Pilzsuche ist der frühe Morgen eines sonnigen Tages.

Nichtsdestotrotz sollten Sie sich immer vor Augen halten, dass eine Verwechslung ernsthafte und gar tödliche Folgen haben kann. Für das Pilzesammeln gibt es viele Regeln, doch die wichtigste lautet: „Im Zweifelsfall stehen lassen". Verlassen Sie sich, wenn es um das Auseinanderhalten von Speise- und Giftpilzen geht, nicht auf althergekommene Behauptungen wie etwa, dass besonders farbintensive Exemplare giftig oder dass solche, deren Hüte sich leicht pellen

lassen, essbar sind. Manche dieser Aussagen mögen zwar auf einzelne Arten zutreffen, sind aber nicht allgemeingültig.

Sicherheitstipps
- Begeben Sie sich mit einem Pilzexperten auf die Suche. Nutzen Sie lokal angebotene Pilzseminare und Lehrwanderungen.
- Bedienen Sie sich zur Bestimmung der bestmöglichen Feldnotizen, Fotografien oder Zeichnungen. Seien Sie sich aber darüber im Klaren, dass Einzelexemplare derselben Spezies in Größe, Form und Farbe stark variieren können.
- Sammeln Sie keine unreifen Exemplare, weil diese noch nicht alle für eine eindeutige Bestimmung notwendigen Merkmale aufweisen.
- Unterscheidet sich der Pilz in nur einem Punkt von den aufgeführten Charakteristika, gehen Sie auf Nummer sicher – lassen Sie ihn stehen!
- Prägen Sie sich die Merkmale ein, die den Speisepilz vom jeweiligen potenziell verwechselbaren Giftpilz unterscheiden und lernen Sie diese auseinanderzuhalten.
- Gehen Sie nicht davon aus, dass Ihr Wissen auf andere Länder übertragbar ist – eine Art, die in Europa mit keiner anderen verwechselt werden kann, könnte in Nord- und Südamerika gefährliche Doppelgänger haben.

Der hier abgebildete, tödlich giftige Pantherpilz ist dem harmlosen Grauen Wulstling gefährlich ähnlich.

Pilze zubereiten

Pilze sollten niemals in Plastiktüten oder -dosen transportiert oder aufbewahrt werden, da Luftmangel und Feuchtigkeit den Verfall beschleunigen. Ein köstlich anmutender Schmaus kann sich so rasch in etwas eher Unangenehmes und gar Übelriechendes verwandeln.

Nutzen Sie einen luftdurchlässigen Weidenkorb und decken Sie Ihren Fund mit Küchenpapier ab, um ihn vor Sonne und Fliegen zu schützen. Pilze, vor allem ältere Exemplare, sind anfällig für Insektenbefall, insbesondere durch Maden. Untersuchen Sie Ihre Fundstücke genau und schneiden Sie alle Teile weg, die madig, durchweicht oder moderig sind.

Vor dem Kochen sollten die Pilze mit einer weichen Bürste oder einem feuchten Tuch von Erdresten, Blättern, Zweigen usw. befreit und gesäubert werden. Bei manchen Arten müssen die Stiele ganz entfernt werden, meist reicht es aus sie zu stutzen. Bis auf einige Ausnahmen braucht man Pilze nicht zu waschen. Normalerweise muss man sie auch nicht schälen, es sei denn, die Haut ist beschädigt oder schleimig. Falls Sie Ihren Fund nicht tiefkühlen oder trocknen möchten, sollten Sie die Pilze so rasch wie möglich zubereiten, weil sie meist nicht lange haltbar sind.

- Bemerken Sie unter den gesammelten Speisepilzen einen versehentlich hineingeratenen Giftpilz, der erstere kontaminiert haben könnte, gehen Sie auf Nummer sicher – entsorgen Sie alle Pilze!
- Bewahren Sie ein kleines Stück roh im Kühlschrank auf, wenn Sie eine Ihnen neue Pilzart verspeisen, um im Fall einer unerwünschten Reaktion die Identifizierung zu erleichtern.

Sowohl der Grüne (oben) als auch der Weiße Knollenblätterpilz sind tödlich giftige Pilze.

Pflanzen bestimmen

Die Freude des Wildpflanzensammlers kann durch die Kenntnis und das Verständnis einiger Fachbegriffe nur gesteigert werden. Nutzen Sie dieses Buch, um zu lernen, die wundervollen Speisepflanzen zu bestimmen und zu beschreiben.

Einleitung

Wer sich für das Finden und Beschreiben von Pflanzen interessiert, der gewöhnt sich rasch daran zumindest ein paar Fachtermini zu verwenden, um sich im Gespräch mit anderen so klar und präzise wie nur möglich auszudrücken. Wenn wir alle dieselbe Sprache sprechen, ist uns eine schnelle und effektive Verständigung sicher; alles andere führt lediglich zu Verwirrung. Die folgenden Photos von Blüten, Blättern, Wurzeln und Pilzen dienen zur Erklärung einiger der nicht so geläufigen, in diesem Buch verwendeten Ausdrücke.

Die genaue Bestimmung der Wildpflanzen, wie etwa des Weißdorns, ist grundlegend für den Sammlerfolg.

BLUMEN

kelchförmige Kronblätter

glockenförmige Kronblätter

röhrenförmige Kronblätter

kreuzförmige Kronblätter

sternförmige Kronblätter

sternförmige zurück-
geschlagene Kronblätter

Ähre

Trugdolde

Dolde

Traube

Rispe

Blüten einzeln oder in Gruppen

BLÄTTER

endständige Blüte

achselständige Blüte

gezahntes/gesägtes Blatt

ganzrandiges Blatt

gewelltes/welliges Blatt

gefiedertes Blatt

gelapptes Blatt

handförmig gespaltenes Blatt

mehrfach gefiedertes Blatt

gegenständige Blätter

wechselständige Blätter

einfach stehende Blätter

grundständige Rosette

längliches Blatt

elliptisches Blatt

lanzettförmiges Blatt

herzförmiges Blatt

eiförmiges Blatt

WURZELN

umgekehrt eiförmiges
Blatt

speerförmiges Blatt

Zwiebel

Rhizom

Knolle

Pfahlwurzel

PILZE

gewölbter Hut

nach innen gewölbter Hut

flacher Hut

glockenförmiger Hut

kegelförmiger Hut

eingerollter Hut

gewellter Hut

zentraler/mittelständiger Stiel

exzentrischer/
seitenständiger Stiel

WALDPFLANZEN

Die Wälder und Regenwälder beherbergen die weltweit größte Artenvielfalt – sie sind unser grünes Erbe. Dort draußen unter den Bäumen wartet die Speisekammer der Natur, ein Schatzhaus, das zum Bersten mit Früchten und Samen, Blättern, Beeren, Nüssen und Wurzeln gefüllt ist – Nahrung, die nicht nur den Körper gesund hält, sondern auch die Sinne verwöhnt. Und doch bleibt dieses Geschenk des Himmels meist unbeachtet liegen, häufig laufen wir nichts ahnend vorüber, ganz einfach weil wir vergessen haben, dass gutes Essen nichts kosten muss.

Allium ursinum

Bärlauch / Waldknoblauch / Hexenzwiebel

breite, lanzettförmige Blätter • bildet große, flächendeckende Bestände • Blätter duften nach Knoblauch • ausgezeichnet zum Würzen von Salaten, Saucen und Eintöpfen

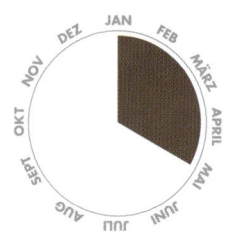

Waldpflanzen

Art
Ein mehrjähriges Zwiebelgewächs. Wird bis zu 45 cm hoch.

Beschreibung
Bärlauch wächst in Auen und feuchten Wäldern. Die dunkelgrünen Blätter sind breit lanzettförmig. Er kann invasive Kolonien bilden, die unverkennbar nach Knoblauch duften. Er erscheint am Winterende, blüht von April bis Juni und zieht sich im Hochsommer in die Erde zurück. Die weißen, sternenförmigen Blüten sitzen als Dolden auf langen, die Blätter überragenden Stängeln.

Verwechslungsgefahr
Maiglöckchen *(Convallaria majalis)* und Herbstzeitlose *(Colchicum autumnale)*, obwohl diese Pflanzen dem Bärlauch nur bedingt ähneln und nicht den geringsten Hauch von Knoblauch erkennen lassen.

Vorkommen
Der in ganz Europa vorkommende Bärlauch wächst bevorzugt im Halbschatten unter Laubbäumen und Hecken. Er braucht nährstoffreiche, humose Böden in sickernassen und staufeuchten Lagen und ist häufig in Auenwäldern zu finden.

Sammelzeit
Die Blätter können bei milden Wintern schon Ende Januar gesammelt werden. Ab der Frühlingsmitte kann man mit der Blütenernte beginnen und damit fortfahren, während die Samen reifen. Die Zwiebel kann man das ganze Jahr über sammeln und essen.

Geschmack
Die Blätter haben einen angenehmen, überraschend milden Knoblauchgeschmack. Die Blüten

Die sternförmigen Blüten des Bärlauchs sind zwittrig, sie verfügen über männliche und weibliche Fortpflanzungsorgane.

schmecken mit dem Heranreifen der Samen zunehmend intensiver. Die Zwiebel weist das stärkste Aroma auf, ist aber dennoch milder als Knoblauch *(Allium sativum)*.

Verwendung

Die Blätter können roh oder gekocht verzehrt werden. Rohe Blätter sind ein perfekter Zusatz für Wintersalate, während sie Saucen, Suppen und Eintöpfen einen feinen Hintergrundgeschmack und milden Nahrungsmitteln, wie etwa Hüttenkäse, Würze verleihen. Auch die äußerst aromatischen, kleinen Zwiebeln können roh oder gekocht verspeist werden.

Rezeptidee

Bärlauchpasta (siehe Seite 206)

Achtung

Es hat Vergiftungsfälle von Hunden gegeben, die große Mengen Bärlauch gefressen hatten.

Checkliste

- ✔ breite, lanzettförmige, dunkelgrüne Blätter
- ✔ weiße, sternförmige Blüten
- ✔ Blüten sitzen auf langen, die Blätter überragenden Stielen
- ✔ Blätter und Blüten duften stark nach Knoblauch
- ✔ gehört zur Familie der Zwiebelgewächse, Blätter riechen entfernt nach Schnittlauch

Die lanzettförmigen Blätter und weißen Blütendolden machen aus dem Bärlauch eine gut erkennbare Pflanze.

Bärlauch

Castanea sativa

Edelkastanie / Esskastanie / Marone

stattlicher Baum • längliche bis elliptische Blätter • aufrechte Blütenähren • Nüsse (Kastanien) können geröstet oder zu Mehl verarbeitet werden

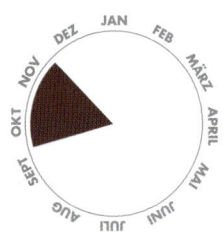

Waldpflanzen

Art

Ein großer, sommergrüner Baum. Kann bis zu 35 m hoch werden, häufiger sind jedoch 18 m Wuchshöhe, wobei er etwa halb so breit wird.

Beschreibung

Die glänzend grünen Blätter sind länglich mit parallel verlaufenden Blattadern und grob gesägten Rändern. Die Borke älterer Bäume ist tiefrissig und zeigt häufig spiralförmige Furchen. Die cremefarbenen bis gelben Blüten duften stark und stehen in Kätzchen. Glänzend braune Nüsse entwickeln sich in einem stacheligen Fruchtbecher. Bis zu fünf Nüsse können darin enthalten sein, doch begehrt sind jene, die eine einzige große süße Nuss hervorbringen.

Verwechslungsgefahr

Die Edelkastanie ist nicht verwandt mit der Rosskastanie, deren Nüsse ungenießbar sind.

Jeder stachelige Fruchtbecher der Edelkastanie enthält eine bis fünf köstliche Nüsse.

Checkliste

✔ stark duftende Blütenkätzchen im Sommer

✔ dunkelgrüne Blätter mit gesägten Rändern

✔ Blätter nehmen Herbsttöne an, bevor die Nüsse reifen

✔ im Reifezustand bricht der stachelige Fruchtbecher auf

Vorkommen

Ein Baum des Südens, der heute in ganz Europa vorkommt, aber nur in wärmeren Gegenden fruchtet. Er gedeiht auf nährstoffreichen Böden in lichten Wäldern, ist häufig in Parks zu finden, will volle Sonne und verträgt, einmal etabliert, auch Trockenheit.

Sammelzeit

Die Nussfrucht benötigt die Wärme eines langen Sommers um zu reifen und ist im Oktober oder November erntereif.

Geschmack

Aus der äußeren Schale und inneren Samenschale gelöst ist die Nuss nicht mehr so bitter und kann roh gegessen werden. Im Ofen oder gar in der Glut eines offenen Feuers geröstet, wird die fleischige Nuss, auch Marone, süß und saftig.

Verwendung

Maronen enthalten im Vergleich zu anderen Nüssen mehr Stärke und weniger Öl. Schlitzen Sie die Schalen vor dem Rösten auf, damit die Nüsse nicht explodieren. Mit Butter und frisch gemahlenem Pfeffer verfeinern. In Südeuropa werden Kastanien zu glutenfreiem Mehl verarbeitet. Das Fruchtfleisch kann auch gekocht und zerstampft als Ersatz für Kartoffelpüree dienen.

Rezeptidee

Schokoladen-Kastanien-Trüffel (siehe Seite 207)

Kommt die Edelkastanie in den Genuss eines warmen, trockenen Sommers, bringt sie ihre größten Nussfrüchte hervor.

Edelkastanie

Corylus avellana

Gemeine Haselnuss / Haselstrauch

bildet ein dichtes Gestrüpp • großer Strauch oder kleiner Baum • Nüsse reifen im Herbst • männliche Blütenkätzchen im Winter • kleine, weibliche Blüten im Frühjahr

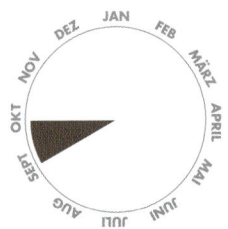

Waldpflanzen

Art

Ein dichtes Gestrüpp aus geraden, aufrechten Zweigen, die einen großen mehrjährigen Busch oder kleinen Baum bilden.

Beschreibung

Die 5–10 cm langen Blätter sind gezahnt, wechselständig und insbesondere unterseitig leicht behaart. Die gelb-braunen Kätzchen aus männlichen Blüten erscheinen im Februar auf kahlen Zweigen. Die weiblichen Blüten sind rot, blühen im Vorfrühling und sind eher unscheinbar. Die Nüsse entwickeln sich in Gruppen zu 2–4 Stück.

Vorkommen

Die Haselnuss wächst häufig als Unterholz in Eichenwäldern oder Hecken. Sie gedeiht am besten in lichtem Schatten, verträgt keine sauren Böden und ist in ganz Europa weit verbreitet.

Sammelzeit

Sammeln Sie die Nüsse nicht zu früh, da das noch weiche Fleisch fade schmeckt. Warten Sie zu lange, kann es sein, dass Sie mit Eichhörnchen und Vögeln konkurrieren müssen. Haben die Blätter ihre gelben Herbsttöne angenommen, beginnt die beste Sammelzeit.

Die Haselnüsse entwickeln sich in kleinen Gruppen und können im Herbst, sobald die Blätter sich zu verfärben beginnen, gesammelt werden.

Checkliste

- ✔ auffällige, kleine, rote Blüten im Sommer
- ✔ einfache, wechselständige, gezahnte Blätter
- ✔ färbt sich die Schale dunkelbraun, ist die Nuss verdorben
- ✔ warten Sie mit der Ernte, bis sich die Blätter im Herbst gelb gefärbt haben

Geschmack

Die Haselnuss schmeckt roh ausgezeichnet. Der ovale Kern hat ein angenehm mildes, stärkeartiges Aroma und ist auffallend ölig – was nicht überrascht, denn die Haselnuss enthält siebenmal mehr Fett als Hühnereier.

Verwendung

Die roh genießbare Nuss schmeckt geröstet noch besser. In der Schale (an einem dunklen, trockenen Ort) aufbewahrt, hält sie sich bis zu einem Jahr. Haselnüsse dienen roh oder geröstet als Backzutat, sie verleihen Kuchen und Broten mehr Geschmack und eine schöne Beschaffenheit. Das gelbliche Haselnussöl kann in Dressings und beim Backen als Aromastoff verwendet werden.

Die Blüten der Haselnuss können männlich oder weiblich sein. Da beide Geschlechter an einer Pflanze zu finden sind, ist sie selbstbefruchtend.

Gemeine Haselnuss

Crataegus monogyna

Eingriffliger Weißdorn

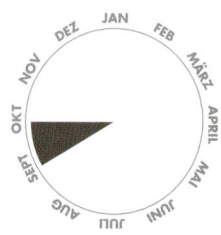

lange, scharfe Dornen auf schlanken Zweigen • gezahnte, zugespitzte Blattlappen • kleine, weiße bis rosafarbene Blüten • weite Verbreitung • Blätter und Früchte sind essbar

Art

Ein großer, sommergrüner Strauch oder kleiner Baum. Wird 6–9 m hoch und bildet eine weit ausladende Krone. Ohne Rückschnitt wird er bis zu 15 m hoch.

Beschreibung

Die einfachen, gelappten, dunkelgrünen Blätter haben gezahnte Spitzen und wachsen wechselständig an leicht hängenden Zweigen. Ein charakteristisches Merkmal sind die langen Dornen. Im Mai erscheinen kleine, weiße oder rosafarbene Blüten in zahlreichen Doldenrispen. Ein schöner doch kurzlebiger Anblick, der je nach Wetterlage nur bis zu zehn Tage andauert.

Vorkommen

Weißdorn kann auf schwerem Lehm- und nährstoffarmem Boden gedeihen, mag aber keinen nassen Torf. Er tritt häufig in Hecken und Gebüschen auf, wo er sowohl mit schwachem als auch starkem Rückschnitt fertig wird. Ebenfalls kommt der Weißdorn häufig in Laubwäldern vor. Er verträgt Schatten, bevorzugt jedoch sonnige Lagen und ist trockenresistent, sobald er einmal etabliert ist. In ganz Europa weit verbreitet.

Sammelzeit

Der Weißdorn blüht ab dem Vollfrühling bis zum Frühsommer. Die Blüten besitzen sowohl männliche als auch weibliche Organe und die Bestäubung erfolgt meist durch Insekten. Die Früchte reifen ab September bis Oktober, dann kann die Pflanze mit Büscheln roter und bei Wildtieren sehr beliebten Beeren beladen sein.

Die Frucht des Weißdorns enthält bis zu fünf einzelne, aneinanderhaftende Samen.

Geschmack

Die ungekochten Früchte des Weißdorns weisen keinen besonderen Eigengeschmack auf. Sie werden als frisch, fruchtig und mehlig beschrieben.

Verwendung

Die Frucht wird zu Konserven und Konfitüren verarbeitet und kann mit gemischten Heckenfrüchten kombiniert werden. Getrocknet und gemahlen kann man sie mit Backmehl mischen. Die jungen Triebe dienen roh als Salatzugabe, die Blätter als Teeaufguss. Tatsächlich wurden zu Zeiten, als Schwarztee ein seltenes Gut war, Weißdornblätter zum Strecken der erhältlichen Lieferungen verwendet. Weißdornblüten passen zu frischen Obstsalaten und dienen zum Aromatisieren von Sirups und Desserts. Sie passen auch zu Vanillepudding und Quarkspeisen.

Die moderne Forschung hat den althergebrachten Volksglauben bestätigt, dass Weißdornblüten gut für das Herz sind.

Eingriffliger Weißdorn

Checkliste

- ✔ reife Borke blättert in unregelmäßigen Schuppen ab
- ✔ Massen stark duftender Blüten im Vollfrühling
- ✔ dunkle, glänzend grüne Blätter von etwa 7 cm Länge
- ✔ verträgt Luftverschmutzung
- ✔ schnellwüchsig

Fagus sylvatica

Rotbuche

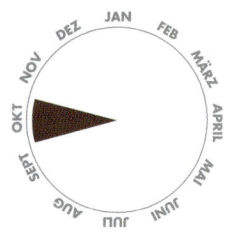

kurzstielige, wechselständige, einfache Blätter • braun geschuppte Knospen • silbergraues Holz • prächtige, kuppelförmig gewölbte Krone • Blüten erscheinen im Vollfrühling

Art

Die stattliche „Königin der Wälder" ist ein som-mer-grüner Baum, der eine Höhe von bis zu 40 m erreichen kann, meist aber nur halb so hoch wird.

Beschreibung

Das Laubdach der Rotbuche ist sehr dicht und hindert so die Sonne daran, auf den Boden zu scheinen. Daher wachsen im Unterholz ihres Schattens meist keine anderen Pflanzenarten. Die Blätter sind einfach, wechselständig, sil-berfarben und ihre Ränder gewellt. Die jungen Blätter sind erst flaumig und später glatt und glänzend. Die welken Blätter bleiben während des Winters am Baum und fallen erst mit dem frischen Frühlingswuchs ab. Die männlichen, goldgelben Blüten erscheinen im April oder Mai an hängenden Büscheln, ebenso wie die weibli-chen, rosa-grünen Blüten, die in einer vierklappi-gen Hülle sitzen.

Vorkommen

Ein in ganz Europa beheimateter Waldbaum. Wo er etabliert ist, ist er oft die dominante Baum-art. Die Rotbuche bevorzugt Kalkböden und verträgt sowohl Schatten als auch Sonne. Biswei-len wächst sie auch auf Sand- und Lehmböden, solange diese keine Staunässe aufweisen.

Sammelzeit

Zwei dreieckige Rotbuchennüsse, allgemein bekannt als Bucheckern, entwickeln sich in je einer vierlappigen, stacheligen Hülse und sind im Oktober erntereif. Alle 5 – 8 Jahre erfolgt eine besonders starke Nussproduktion.

Das aus den Bucheckern gewonnene Öl eignet sich zur Holzpolitur und -pflege.

Checkliste

✔ 5–10 cm lange Blätter mit 5–9 markanten, paarweise parallel verlaufenden Blattadern

✔ attraktive, graue Borke

✔ ausladende Form

✔ männliche und weibliche Blüten am selben Baum

Geschmack

Junge Rotbuchenblätter schmecken angenehm mild. Die Bucheckern sind süß, doch sehr klein und sie zu schälen bedeutet eine zeitraubende Aufgabe.

Verwendung

Junge Rotbuchenblätter dienen roh als Salatzugabe. Allerdings sollten nur die jüngsten Blätter verwendet werden, da sie schnell zäh werden. Die roh genießbaren Bucheckern dienen meist als Tierfutter, vor allem für Schweine (nicht an Pferde verfüttern!). Üblicherweise werden die Bucheckern getrocknet, gemahlen und unter Mehl gemischt. Der Geschmack des aus ihnen gewonnenen Öls ist mit Olivenöl vergleichbar und dient als aromatische Basis für Salatdressings. In manchen Teilen Europas werden geröstete, gemahlene Bucheckern als Kaffeeersatz verwendet.

Achtung

Bucheckern können in großen Mengen verzehrt toxisch wirken.

Jung genug gepflückt, ergeben die rohen Blätter der Rotbuche einen klasse Zusatz für die Salatschüssel.

Waldpflanzen

Juglans regia

Echte Walnuss / Walnussbaum

zusammengesetzte, wechselständige Blätter • Nuss leuchtend grün, später braun • helle, aschgraue Borke • Nüsse können eingelegt, gekocht oder roh verzehrt werden

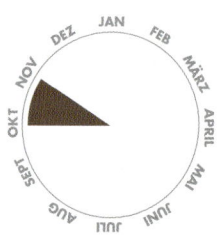

Art

Ein sommergrüner Baum, in der Regel 18 m hoch und ebenso breit, erreicht zuweilen aber auch bis zu 30 m Wuchshöhe.

Beschreibung

Die Walnuss hat große, zusammengesetzte Blätter, die bis zu 45 cm lang werden können, mit 5–7 (manchmal 9) Fiederblättchen. Die Blätter sind zuerst rötlich-braun, später glänzend dunkelgrün. Blüten und Blätter erscheinen gleichzeitig und recht spät, erst zum Vollfrühling oder Frühsommer, wodurch keine Gefahr durch Frost besteht, auf den das frische Grün empfindlich reagiert. Die rötlichen Blütenkätzchen sind

Reife Walnüsse sind roh einfach köstlich. Die unreifen Nussfrüchte werden in Essig eingelegt haltbar gemacht.

männlich, etwa 5–7 cm lang und nehmen vor dem Absterben eine gelbliche Tönung an. Die gelbgrünen, weiblichen Blüten sitzen an den Enden der neuen Zweige. Die Pflanze ist selbstbefruchtend und windbestäubt.

Verwechslungsgefahr

Andere Walnussgewächse der Gattung Hickory *(Carya)*. Zur Unterscheidung einen Zweig umknicken und das Innere untersuchen – nur die Walnuss zeigt deutliche Lufttaschen.

Vorkommen

Häufiger in den warmen bis heißen Regionen Südeuropas vorkommend, wurde die Walnuss in die nördlicher gelegenen Regionen Europas eingeführt. Sie bedarf voller Sonne, um ihre Nüsse vollständig reifen zu lassen. Sie ist eher in bewaldeten Parkanlagen zu finden als in natürlichen Wäldern.

Sammelzeit

Die Walnüsse sollten im Spätherbst, also im Oktober oder November, auf natürliche Weise getrocknet und erntereif sein. Man kann sie aber auch bereits im Juli ernten, wenn sie noch grün und saftig sind, dann sollten sie allerdings eingelegt und nicht roh verzehrt werden.

Geschmack

Eine köstliche Nuss mit einem intensiven und reichen Aroma, die sowohl als Kochzutat als auch zum Knabbern beliebt ist.

Die getrockneten, jungen Blätter kann man zerkrümeln und zu einem erfrischenden Tee aufgießen.

Checkliste

✔ **Blätter strömen zwischen den Fingern zerrieben ein süßes Aroma aus**

✔ **Blattsaft hinterlässt Farbflecken auf der Haut**

✔ **tiefrissige Borke wächst in grobem, diamantförmigem Muster**

✔ **große, zusammengesetzte Blätter mit 5–9 Fiederblättchen**

✔ **auf dem Boden liegen oft Zweige, Blätter, Äste und Nüsse herum**

Verwendung

Der Walnussbaum ist sehr vielseitig. Der Saft kann im Frühling gezapft und zu einer zuckerartigen Substanz verarbeitet werden. Die jungen Blätter lassen sich getrocknet als Tee aufbrühen. Die Nuss selbst kann noch grün gepflückt und eingelegt werden. Später im Jahr kann die reife Nuss roh oder geröstet verspeist, grob gehackt oder fein gemahlen in einer Vielzahl sowohl süßer als auch salziger Gerichte verwertet werden. Aus der Walnuss lässt sich auch ein köstliches Öl pressen, das zum Aromatisieren dient, jedoch nicht lange haltbar ist.

Rezeptidee

Walnuss-Käse-Pasta (siehe Seite 208)

Waldpflanzen

Juniperus communis

Wacholder / Heide-Wacholder

immergrüne, nadelförmige Blätter • zur Samenbildung müssen männliche und weibliche Pflanzen vorhanden sein • rote bis graubraune Borke • Beeren dienen als Würzmittel

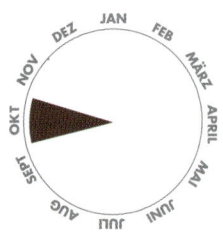

Art

Wacholder kann in der Form stark variieren. Er kann einen vielverzweigten, aufrechten oder aber niederliegenden, den Boden bedeckenden Strauch bilden, oder einen kleinen Baum. Als Baum wird er meist 5 m hoch, kann bisweilen aber Wuchshöhen bis zu 15 m erreichen.

Beschreibung

Die immergrünen, schwertförmigen Nadeln (Blätter) des Wacholders sind stechend spitz, etwa 1 cm lang und wachsen in dreizähligen Quirlen. Die Borke älterer Pflanzen ist rissig und von einer hübschen, rötlich-grau-braunen Farbe. Die Pflanzen sind nicht selbstbefruchtend. Männliche und weibliche Blüten erscheinen an verschiedenen Pflanzen. Die männlichen Blüten sind klein, rund und gelb; die weiblichen Blüten sind ebenso klein, rund und von blassgrüner Farbe. Der Wacholder blüht im Spätfrühling, gegen Mai bis Juni.

Vorkommen

Der Wacholder ist vor allem in den gemäßigten Regionen Mittel- und Nordeuropas zu finden. Er wächst auf nährstoffarmen sauren Böden, aber auch auf anmoorigen Böden und Torf. Ein Sonne liebendes, für Heidelandschaften typisches Gewächs.

Sammelzeit

Die kleinen, beerenartigen Zapfen haben einen Durchmesser von etwa 5 mm und reifen im Oktober. Allerdings benötigen sie zwei oder drei Vegetationszyklen, um zu reifen. Die jungen Zapfen sind glatt, grün und lederartig und färben sich später bläulich-schwarz.

Geschmack

Die reifen Beeren sind äußerst aromatisch und weisen wegen des hohen Zuckergehalts von 33 Prozent eine deutlich süße Note auf.

Wacholderbeeren werden meist getrocknet und zum Würzen von Speisen, wie etwa Sauerkraut, verwendet.

Checkliste

- ✔ schlanke, glatte Zweige mit oftmals schimmernder Rinde
- ✔ Beeren weisen oftmals einen weißen Flaum auf
- ✔ unreife Fruchtzapfen sind grün, reife schwarz
- ✔ zerstoßen Sie die Beeren kurz vor der Verwendung, um das Aroma freizusetzen

Der immergrüne Wacholder gedeiht auf Torfböden und tritt häufig in der Nähe von Kiefernwäldern auf.

Verwendung

In der Alpenregion sind Wacholderbeeren ein wesentlicher Bestandteil zahlreicher Gemüsegerichte, Füllungen und Obstkuchen. Sie dienen zum Verfeinern von Sauerkraut; der frische Weißkohl wird mit Wacholderbeeren und anderen Gewürzen vergärt. Häufig werden sie mit stark aromatischem Wildbret, wie etwa Hirsch, kombiniert und sind außerdem eine wichtige Komponente im Gin. Aus den Blättern und Stängeln lässt sich Tee aufgießen, der unter Zugabe einiger Beeren eine würzigere Note erhält.

Achtung

Die Frucht des Wacholders ist für die meisten Menschen zwar harmlos und das daraus gewonnene Öl wird in der Medizin und der Küche verwendet, doch ein Übermaß kann die Nieren belasten und sollte deshalb von Menschen mit Nierenproblemen und von schwangeren Frauen gemieden werden.

Die im Vollfrühling erscheinenden Blüten des Wacholders sitzen an der Basis der nadelförmigen Blätter.

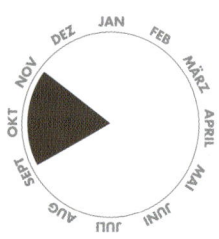

Olea europaea

Olivenbaum / Ölbaum

immergrüne Blätter mit silberner Unterseite • männliche und weibliche Organe an derselben Blüte • Borke wird mit dem Alter knorrig • grüne Beeren färben sich im Reifezustand schwarz

Waldpflanzen

Art

Ein immergrüner, langsam wachsender Baum, der im Alter bis zu 15 m Höhe erreichen kann. Die Bäume werden aber meist beschnitten, um das Abernten der Früchte zu erleichtern.

Beschreibung

Die grau-grünen, schmal länglichen Blätter sind unterseitig silbern. Sie sind einfach, gegenständig und klein, etwa 5 cm lang. Durch ihren wachsartigen Überzug und die haarige Unterseite wird der transpirationsbedingte Wasserverlust minimiert. Im Frühling (April–Mai) öffnen sich Rispen aus pollenreichen, cremeweißen (oder blassgelben) Blüten. Die graubraune Borke ist anfangs glatt und wird später zunehmends knorrig. Die Stämme älterer, manchmal Hunderte Jahre alter Bäume können schraubenförmig verdreht und hohl sein.

Vorkommen

Dieser südeuropäische Baum gedeiht in der gesamten Mittelmeerregion. Meist in Hainen zu finden, verträgt er Trockenheit (sobald er etabliert ist) und wächst auch auf nährstoffarmen Böden. Er braucht jedoch pralle Sonne, um seine Früchte zur vollen Reife zu bringen.

Sammelzeit

Sammeln Sie im Frühherbst die noch grünen Früchte oder warten Sie den Spätherbst oder gar den Winteranfang ab, bis die Frucht ihre violett-schwarze Farbe angenommen hat.

Geschmack

Oliven sind ohne verarbeitet zu werden ungenießbar. Die Früchte und das daraus gewonnene Öl werden oftmals mit Gewürzen und Kräutern aromatisiert. Eine geschmackliche Vielfalt,

Die im ganzen Mittelmeerraum kultivierten Oliven können sowohl grün als auch schwarz (reif) gepflückt werden.

Checkliste

✔ Rispen aus duftenden weißen oder schmutzig-weißen Blüten

✔ junge Zweige sind von grau-grüner Farbe

✔ wilde Olivenbäume ähneln eher einem Strauch aus vielen dürren Zweigen

✔ Oliven benötigen bis zu acht Monate, um vollständig zu reifen

die je nachdem wann die Olive geerntet, wie sie verarbeitet wurde und um welche Sorte es sich handelt, geschmacklich von herzhaft-mild über salzig-scharf bis zu fruchtig-süß reicht.

Verwendung

Oliven werden meist mit Gewürzen und Kräutern in Salzlake oder Öl eingelegt oder aber für den Verzehr in der Sonne getrocknet. Die verarbeitete Olivenfrucht passt als Aperitif und zu Salaten; sie würzt gekochte Speisen und Brote und kann mit allerlei gefüllt werden; mit Paprika, Anchovis, Mandeln oder Knoblauchzehen. Aus der Frucht wird außerdem das erstklassige Olivenöl gewonnen, wobei mehr als die Hälfte der Weltproduktion aus nur drei Ländern stammt – Spanien, Italien und Griechenland.

Rezeptidee

Oliven-Orangen-Salat (siehe Seite 209)

Die Olive braucht die Sonne einer langen, heißen Wachstumssaison zur Vollreife.

Prunus dulcis var. dulcis; P. amygdalus var. sativa

Süßmandel

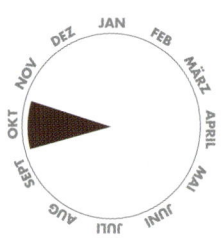

wechselständige, lanzettförmige Blätter • kleiner Baum • silbrig-samtig überzogene Frucht • attraktive Blüten zu Frühjahrsbeginn

Waldpflanzen

Art
Ein kleiner, sommergrüner Baum, sowohl zwischen 6 und 10 m hoch als auch breit.

Beschreibung
Die länglichen bis lanzettförmigen Blätter sind dunkelgrün, stark geadert und haben fein gesägte Ränder. Neben ihrem essbaren Kern besitzt die Mandel hübsche, allein stehende Blüten, die sie je nach Standort am Winterende oder im Vorfrühling trägt, in gemäßigteren Zonen bis in den April. Sie sind bis zu 5 cm im Durchmesser und erscheinen kurz vor oder zeitgleich mit den Blättern. Die Blütenfarbe reicht von fast weiß bis dunkelrosa.

Vorkommen
Suchen Sie diesen südeuropäischen Baum in sonnigen Lagen an Waldrändern, in Hecken oder an steinigen Standorten. Die Mandel verträgt keinen Schatten. Um zu gedeihen, benötigt sie feuchte, aber gut drainierte Böden.

Sammelzeit
Die hellgrüne, 2,5–6 cm lange Steinfrucht zeigt eine Längsfurche und ist mit einem silbrig-samtigen Flaum bedeckt. Sammeln Sie die reifen Früchte im Vollherbst, um Oktober. Im Fruchtinnern befindet sich ein hellbrauner Stein, der den als Mandelkern bekannten Samen enthält.

Das aus der Mandel extrahierte Öl ist ein wirkungsstarker Feuchtigkeitsspender und findet auch in der Aromatherapie Anwendung.

Checkliste

- ✔ bitter schmeckende Nüsse wegwerfen
- ✔ große, allein stehende Blüten erscheinen sehr früh im Jahr
- ✔ Blüten sitzen noch vor dem Blattaustrieb auf blankem Holz
- ✔ das harte Fruchtfleisch bricht im Reifezustand auf
- ✔ Laub färbt sich im Herbst rot

In harmlosen Mengen enthalten sowohl die Blätter als auch die Samen eine potenziell tödlich giftige Substanz.

Geschmack

Die Mandel hat einen angenehmen Duft und schmeckt nussig-mild. Kerne, die sehr intensiv riechen und beim Zerkauen bitter schmecken, sollten sofort weggeworfen werden (siehe Achtung).

Verwendung

Kurz angeröstet, was den Geschmack verstärkt, kann der Kern als Knabbersnack verspeist werden. Gründlich kauen, um die Verdauung zu unterstützen. Gemahlen finden sie in allerlei Gebäck Verwendung und mit Wasser vermischt wird aus ihnen Mandelmilch gezaubert. Aus den Mandelkernen wird ein Öl gewonnen, das in der Küche zum Aromatisieren verwendet wird. Das Öl findet auch in Hautpflegemitteln Verwendung und stellt in der Aromatherapie ein beliebtes Basisöl dar. Aus Wunden am Baumstamm der Mandel wird ein genießbares Gummi extrahiert.

Rezeptidee

Arame-Mandel-Risotto (siehe Seite 210)

Achtung

Die Mandel gehört zu einer Gattung, deren Angehörige ein potenziell tödliches Gift produzieren – die Blausäure, eine Substanz, die der Mandel ihr charakteristisches Aroma verleiht. Sie ist allerdings in zu geringen Mengen vorhanden, um schädlich zu sein. Verzehren Sie dennoch keine besonders bitter schmeckenden und intensiv riechenden Nüsse!

Prunus avium

Süßkirsche / Vogelkirsche

wechselständige, einfache Blätter • geschätzt wegen Holz und Früchten • glatte, graubraune Borke schält sich oftmals • reife Früchte sind leuchtend rot

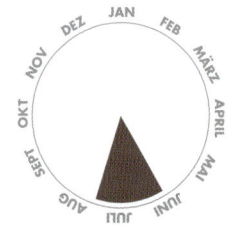

Art

Ein sommergrüner Baum, der bis zu 30 m Wuchshöhe erreicht. Die zunächst kegelförmigen Bäume entwickeln im Alter eine breit gewölbte Krone.

Beschreibung

Die wechselständigen, einfachen, länglich-ovalen Blätter sind 5–12 cm lang und zeigen scharf gesägte Ränder. Etwa zeitgleich mit den Blättern erscheinen im Frühling attraktive, auffällig weiße Blüten (April/Mai). Sie sind etwa 2,5 cm breit und sitzen in bis zu fünfzähligen Trauben. Sehen Sie nach der grau- bis rotbraunen Rinde mit den quergestellten Korkwarzen (Lenticellen), die sich mit der Zeit ringförmig abschält und eine Ringelborke bildet.

Vorkommen

Meist in Hecken und Wäldern zu finden, häufig in Buchenwaldgesellschaften. Sie bevorzugt feuchte, aber gut drainierte Böden, liebt Sonne und verträgt auch den Halbschatten lichter Wälder. Die Verbreitung erstreckt sich von Skandinavien bis Nordafrika und umfasst so ganz Europa.

Die Frucht der Süßkirsche enthält wenig Säure und wird oft zu Konserven oder Kuchenfüllungen verarbeitet.

Sammelzeit

Die Süßkirsche bringt dunkelrote bis beinahe schwarze Früchte hervor, die im Hochsommer reifen. Allerdings werden Sie sich die Leckerbissen mit eifrigen Vögeln und Eichhörnchen teilen müssen.

Geschmack

Beißen Sie in eine reife Kirsche, die Haut zerberstet und setzt eine süße Geschmacksexplosion in Ihrem Mund frei. Das nicht im geringsten saure Fruchtfleisch umhüllt einen einzigen, ungenießbaren Kirschkern. Essen Sie jedoch keine bitter schmeckenden Kirschen (siehe Achtung).

Verwendung

Direkt vom Baum gepflückt sind frische Kirschen eine Köstlichkeit, aber auch in Kuchen und Torten oder zu Konserven verarbeitet. Kirschwasser erhält man, indem man einen verschließbaren Glasbehälter bis zur Hälfte mit Kirschen füllt, nach Geschmack Zucker hinzugibt, mit Weinbrand auffüllt, gut verschließt und ein paar Monate an einem dunklen Ort aufbewahrt.

Rezeptidee

Kirsch-Clafoutis (siehe Seite 211)

Achtung

Die Süßkirsche gehört zur Familie der Rosengewächse, deren Angehörige oftmals die potenziell tödlich giftige Blausäure produzieren. Bei der Süßkirsche betroffen sind die welken Blätter, Zweige und Samen. Verzehren Sie keine sonderlich bitter schmeckenden Früchte.

Checkliste

- ✔ verzehren Sie keine bitter schmeckenden Früchte
- ✔ Blätter zeigen mindestens acht Aderpaare
- ✔ Herbsttönung rot, orange und gelb
- ✔ alte Bäume zeichnen sich durch ausladende Äste und einen aufrechten Stamm aus

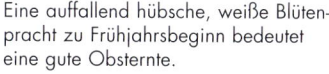

Eine auffallend hübsche, weiße Blütenpracht zu Frühjahrsbeginn bedeutet eine gute Obsternte.

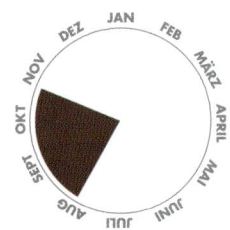

Rosa canina

Heckenrose / Hundsrose

schnellwüchsiger, buschiger Strauch • Zweige mit scharfen
Dornen besetzt • Hagebutten sind reich an Vitamin C

Waldpflanzen

Art

Die Heckenrose ist ein robuster, sommergrüner Strauch, der eine Wuchshöhe von 1–5 m erreicht und mit einer Kletterhilfe, etwa einem Baum, sehr viel höher werden kann.

Beschreibung

Die 1–3,5 cm langen, wechselständigen Blätter setzen sich aus 5–7 gegenständigen, ovalen Fiederblättchen zusammen, die gesägte Ränder zeigen. Die Blütenfarbe reicht von schmutzig-weiß bis blassrot oder rot. Die einfachen, fünfblättrigen Blüten erscheinen im Mai/Juni und blühen bis Juli. Die zahlreichen, bogenförmig überhängenden Zweige dieser Kletterrose sind grün bis violett und mit hakig gebogenen Stacheln besetzt, die auch dazu dienen, sich an benachbarten Pflanzen einzuhaken und abzustützen.

Verwechslungsgefahr

Alle Rosen bilden Hagebutten und die der Heckenrose kann mit jeder anderen verwechselt werden, wenn die gleichen Klettereigenschaften und stacheligen Zweige vorliegen. Unterscheiden kann man sie einzig geschmacklich.

Warten Sie mit der Ernte bis die Hagebutten
den ersten Frost abbekommen haben und
Ihnen ist der beste Geschmack garantiert.

Vorkommen

Die sich durch Wurzeltriebe ausbreitende Heckenrose findet man europaweit in lichten Wäldern, an Weges- und Waldrändern, in Gebüschen, Hecken und auf Brachland. Sie kann auf unterschiedlichen Böden wachsen, die aber weder zu trocken noch zu nass sein dürfen.

Sammelzeit

Auf die Blüten folgen die Früchte oder Hagebutten, die sich ab dem Spätsommer durch den Herbst hindurch entwickeln (August bis Oktober/ November). Sie sind hübsch orangefarben, oval und bis zu 1,5 cm groß.

Die Heckenrose ist ein winterharter Strauch, der sich benachbarter Pflanzen bedient, um sich die besten Bedingungen zu erklettern.

Geschmack

Die Hagebutten haben einen eigentümlichen, fruchtig-scharfen Geschmack mit subtilen, säuerlich-feinherben Noten.

Checkliste

✔ Blüten sind 3,5–6 cm groß und sitzen zu fünfen in Trauben

✔ Frost verleiht den Hagebutten eine volle Farbe und den besten Geschmack

✔ reife Früchte sollten auf Druck leicht nachgeben, dürfen jedoch nicht zu weich oder gar schrumpelig sein

Verwendung

Die kirschgroßen Hagebutten werden wegen des außergewöhnlich hohen Vitamin-C-Gehalts geschätzt. Allerdings sollten rostfreie Kochutensilien verwendet werden, um Farbe und Nährwert der Frucht zu erhalten. Während des Zweiten Weltkrieges wurden in Großbritannien Hagebutten gesammelt und zu Sirup verarbeitet. Mit gekochten Hagebutten werden Suppen, Saucen, Desserts, Kuchen und Brote aromatisiert. Auch Hagebuttengelee ist sehr beliebt. Getrocknet eignen sich die Hagebutten, ebenso wie die Blätter, als Teeaufguss.

Achtung

Die haarigen Samen der Hagebutte sollten vor dem Verzehr entfernt werden, weil sie den Verdauungstrakt reizen können.

Tilia x europaea

Holländische Linde

großer, sommergrüner Baum • bekannt für seinen Lindenblütentee • ziert Straßenränder • Insektenbestäubung

Art

Ein großer, sommergrüner Baum mit großen Blättern. Innerhalb Europas ist er einer der größten Bäume seiner Art und erreicht Wuchshöhen von bis zu 45 m.

Beschreibung

Die herzförmigen Blätter entwickeln sich aus rotbraunen Knospen. Die voll ausgebildeten Blätter sind zunächst leuchtend gelb, erreichen eine Länge von 5–10 cm und färben sich mit zunehmendem Alter grünlich-gelb. Die gelben bis weißen Blüten duften stark und hängen in Rispen von bis zu zehn Blüten unter den Blättern. Sie blühen im Juni und Anfang Juli. Die Borke wird mit der Zeit rissig und der Stamm zeigt an der Basis oftmals große, rundliche Auswüchse oder Knoten sowie zahlreiche Wurzeltriebe auf.

Vorkommen

Diese in ganz Europa beheimatete Kreuzung aus Winter- und Sommerlinde wird kaum in der freien Natur zu finden sein, sondern eher in der Nähe von Zierwäldern und Parkanlagen. Die Holländische Linde verträgt Luftverschmutzung und Teilschatten, wodurch sie sich für städtische Lagen eignet, und benötigt feuchte, aber gut drainierte Böden.

Sammelzeit

Die Blätter verspeist man jung und frisch, noch vor dem Hochsommer, während die Blüten geerntet werden sollten, sobald sie sich vollkommen geöffnet haben – ab Mitte Juni im Auge behalten!

Geschmack

Die jungen Frühlingsblätter haben frisch verzehrt einen milden und erfrischend süßen Geschmack, können jedoch ziemlich schleimig sein. Lindenblüten sind vor allem als Teeaufguss bekannt und zeigen ein starkes Honigaroma (siehe Achtung).

Junge Lindenblätter sind frisch einfach köstlich und eignen sich als Sandwichbelag und für Salate.

Checkliste

✔ **fein gesägte Blätter**

✔ **die Krone entwickelt sich mit zunehmendem Alter zu einem breiten, kugelförmigen Laubdach mit gebogenen Ästen**

✔ **aromatische, nach Honig duftende Blüten ab Früh- bis Hochsommer**

✔ **Blätter, Blüten und Baumsaft für die Küche geeignet**

Verwendung

Junge Lindenblüten können roh in Salaten oder Sandwichs gegessen werden. Am bekanntesten ist wohl der Lindenblütentee. Pflücken Sie hierfür die noch jungen Blüten und lassen Sie diese an einem warmen, gut gelüfteten Ort trocknen. Die Blüten werden auch zu einer Paste zermahlen und mit den unreifen Früchten des Baums zu einem Schokoladenersatz verarbeitet. Der Baumsaft kann als Sirup verwendet werden und der Honig von Bienen, die von den nektarreichen Lindenblüten getrunken haben, zählt weltweit zu den besten.

Rezeptidee

Gemischter Salat mit Lindenblättern und Erdbeeren (siehe Seite 213)

Achtung

Verwenden Sie ausschließlich junge, frisch geöffnete Blüten für die Teezubereitung. Ältere Blüten könnten narkotisch wirken.

Lindenblüten gelten seit langem als traditionelles Heilmittel gegen Erkältungen.

Urtica dioica

Große Brennnessel

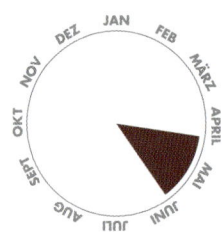

aufrechte, mehrjährige Pflanze • herzförmige Blätter • seit über 2.000 Jahren als Heilpflanze genutzt • Blätter sind mit Brennhaaren besetzt

Waldpflanzen

Art

Diese flächendeckende Bestände bildende, mehrjährige Pflanze kann in tropischen Zonen 4 m Höhe erreichen. In Europa sind 60–120 cm Wuchshöhe möglich.

Beschreibung

Die Brennnessel besitzt spitz herzförmige oder eiförmige, gegenständige Blätter mit rundlichen, gesägten Rändern. Die mattgrünen Blätter sind etwa 5–15 cm lang und weniger als halb so breit. Während einer langen Blütezeit zwischen Juni und September zeigen sich winzige Blüten als nickende Kätzchen hellgrüner oder grünlich-gelber Farbe.

Vorkommen

Die anpassungsfähige Brennnessel ist heute auf der ganzen Welt beheimatet. Sie wächst auf Brach- und Ackerland, auf Schutthalden, in Hecken und Gebüschen und an Wald- und Wegrändern.

Sammelzeit

Es ist äußerst wichtig, die Blätter zur richtigen Jahreszeit zu sammeln. Sie trägt zwar von März bis November Blätter, diese sollten aber jung und frisch gesammelt werden – es heißt, Anfang Juni sei der Scheitelpunkt. Danach sind sie grob und schmecken bitter. Am besten die obersten

Verzehren Sie ausschließlich junge Brennnesselblätter, da ältere Partikel enthalten, die die Nieren reizen können.

Checkliste

✔ Nesseln vermehren sich durch Samen und durch lange Wurzelausläufer, aus denen neue Pflanzen wachsen

✔ Stängel sind eher vierkantig als rund

✔ Blätter und Stängel sind stachelig behaart

✔ weltweite Verbreitung

15–20 cm der Pflanze abknipsen, dabei immer Handschuhe tragen.

Geschmack

Brennnesseln sind äußerst nahrhaft, schmecken als Gemüse gekocht oder trocken als Tee aufgegossen aber fade und werden deshalb am besten mit kräftig-würzigen Zutaten zubereitet.

Verwendung

Brennnesselblätter und -stängel verlieren gekocht oder getrocknet ihre brennende Wirkung. Die Frühlingsblätter und die oberen Zentimeter der Stängel können wie Spinat zubereitet werden – waschen und die noch nassen Blätter ohne weitere Wasserzugabe ein paar Minuten kochen. Mit Pfeffer und Butter als würziges Grünzeug serviert, stellen sie eine sehr bekömmliche (und leicht abführend wirkende) Speise dar, die viel Eisen und die Vitamine A und C enthält. Die jungen Blätter lassen sich getrocknet und zerkrümelt unter aromatischeren Tee mischen, dem sie so eine anregende Wirkung verleihen. Junge Brennnesseltriebe können mit Bier verbraut werden.

Achtung

Der Stich einer Brennnessel ist nicht unähnlich dem einer Biene und seine Wirkung kann je nach Sensibilität von ein paar Stunden bis hin zu einem ganzen Tag spürbar sein. In seltenen Fällen kann bei extremen Reaktionen ärztlicher Rat nötig werden. Der Verzehr von Brennnesseln wirkt regulierend auf Bluthochdruck und Puls.

Zur Samenbildung müssen männliche und weibliche Pflanzen vorhanden sein.

Vaccinium myrtillus

Heidelbeere / Blaubeere

kraftvoller, flach niederliegender Strauch • ovale Blätter • wird als Speise- und Heilpflanze geschätzt • köstlich in Tartes und als Konfitüre

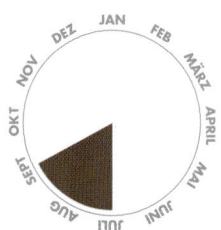

Waldpflanzen

Art

Ein flachwüchsiger, sommergrüner Strauch, der höchstens 20–30 cm hoch wird. Auf fruchtbaren Böden kann er invasive Bestände bilden.

Die süßen Früchte des Heidelbeerstrauchs eignen sich zum Trocknen und können wie Korinthen verwendet werden.

Beschreibung

Die Heidelbeere bildet zahlreiche aufrechte Zweige und ovale, leuchtend grüne, wechselständige Blätter mit leicht gesägten Rändern, die 1–2,5 cm lang sind. Die rosa bis grünlich-rosafarbenen Blüten erscheinen meist einzeln (manchmal paarweise) zwischen April und Juni. Sie sind kugelig bis krugförmig und etwa 5 mm lang.

Vorkommen

Wächst bevorzugt in den gemäßigten Zonen Nordeuropas und im Süden auf höher gelegenen, relativ kühlen Standorten. Halten Sie im Schatten hoher Bäume, in alten Wäldern sowie in Moor- und Bergheiden Ausschau nach Heidelbeersträuchern.

Sammelzeit

Auf die Blüten folgen die kugeligen, dunkelblauen Beerenfrüchte, die beliebten Heidelbeeren, die während des Sommermonats Juli und bis in den September hinein reifen.

Geschmack

Die rohe Beere schmeckt süß, doch mit deutlich saurer Note. Gekocht verschwindet der saure Geschmack und zurück bleibt eine köstliche Süße.

Verwendung

Die Heidelbeere wird seit hunderten von Jahren als Köstlichkeit geschätzt. Die Beeren lassen sich roh vernaschen. Gekochte Beeren stellen eine traditionelle Kuchen- und Tortenfüllung dar oder werden zu Gelee und Konserven verarbeitet. Sie lassen sich auch fermentieren und zu Wein keltern. Getrocknet kommen sie Korinthen gleich und aus den getrockneten Blättern kann man Tee aufgießen. In Frankreich werden Heidelbeeren seit Mitte des 20. Jahrhunderts Diabetespatienten verabreicht, um deren Sehvermögen zu verbessern – sie sollen auch gut für die Nachtsicht sein – und in Italien durchgeführte Studien weisen darauf hin, dass sie sich positiv auf einen zu hohen Cholesterinspiegel auswirken.

Rezeptidee

Heidelbeerkuchen (siehe Seite 214)

Dieser Strauch wächst auf Sand- oder Lehmboden, der feucht aber nicht staunass sein darf.

Checkliste

✔ leuchtend grüne, gesägte Blätter

✔ kleine Beeren von etwa 1 cm Durchmesser

✔ wächst bevorzugt auf Sand- oder Lehmböden ohne Staunässe

✔ verträgt keine Meeresluft

✔ Zweige spitzwinkelig verästelt

WALDPILZE

Die Aussicht auf ein leckeres Essen nach einer erfolgreichen Sammelwanderung durch den Wald ist nur Teil der Verlockung. Was kann mehr Freude bereiten, als den weichen Blätterteppich unter den Stiefeln zu spüren und den schweren Duft von Feuchte, Erde und Verfall zu atmen, um dann plötzlich seine Beute zu erspähen? Vielleicht haben Sie den trichterförmigen Hut eines wundervollen, orange-gelb leuchtenden Pfifferlings entdeckt oder einen köstlichen, riesenhaften Steinpilz. Mit etwas Glück beschert Ihnen ein morgendlicher Waldspaziergang einen ganzen Korb voll köstlicher Pilze, ein Nahrungsmittel, das die besten Restaurants ziert – und ihr eigenes ganz umsonst!

Auricularia auricularia-judae

Judasohr / Mu-Err-Pilz

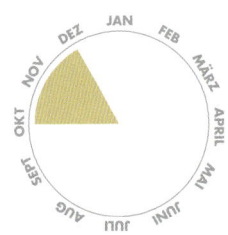

junge Exemplare schmecken am besten • viel verwendet in der asiatischen Küche • mineralstoffhaltige Art • das ganze Jahr über zu finden

Waldpilze

Art
Ein auffälliger, ohrmuschelförmiger Baumpilz, etwa 5 cm im Durchmesser. Ist in der Regel gesellig (in Gruppen auftretend).

Beschreibung
Dieser Pilz sieht in der Tat wie ein Ohr aus, das seitlich aus einem Baum herauswächst. Ist er noch feucht, fühlt der braune Pilz sich gallertartig und fleischig an, trocknet er aus, wird er dunkler und härter und färbt sich violett. Jung ist der Pilz noch glatt und becherförmig, mit der Zeit wächst er in die Länge, die Innenseite wird zunehmends runzeliger.

Verwechslungsgefahr
Andere Baumpilze können mit dem Judasohr verwechselt werden. Der Gezonte Ohrlappenpilz *(Auricularia mesenterica)* ist haariger und kommt vor allem auf Ulmenstümpfen vor; der Becherförmige Drüsling *(Exidia glandulosa)* ist dunkler, beinahe schwarz, und wächst meist auf Eichenholz.

Vorkommen
In ganz Europa verbreitet, steht diese Pilzart immer mit totem oder absterbendem Holz in Verbindung. Der Name Judasohr geht auf die Legende zurück, nach der Judas sich an einem Holunderbaum aufgehängt haben soll – und auf Holunder sollten Sie nach ihm Ausschau halten, da er hier am liebsten wächst. Doch auch auf Buche und Ahorn kann er erscheinen.

Sammelzeit
Ungewöhnlicherweise kann man diesen Pilz das ganze Jahr über finden, immer dann, wenn das Wetter mild ist. Die besten Sammelmonate sind Oktober, November und Anfang Dezember. Auch von Februar bis Mai lohnt es sich, nach ihm zu suchen.

Der vollreife Fruchtkörper ist etwa so groß wie ein menschliches Ohr und sieht auch tatsächlich so aus.

Checkliste

✔ rötlich-braune Farbe weicht, je mehr er austrocknet, einem Violett

✔ meist in Gruppen zu finden

✔ trockenes Fruchtfleisch ist leicht durchsichtig

✔ meist im Frühling und Herbst/Winter zu finden

✔ vor dem Kochen gründlich säubern

Geschmack

Ein angenehm milder Geschmack. Gut durchgekocht werden junge Exemplare schön bissfest, ohne zäh zu sein. Wahrscheinlich wird er sogar mehr wegen der Beschaffenheit, die er Gerichten verleiht, geschätzt, als wegen des Geschmacks.

Verwendung

Das Judasohr enthält viele Mineralstoffe, wie etwa Kalium, Calcium und Magnesium und stellt so ein nahrhaftes Nahrungsmittel dar. Zu kurz gekocht kann er zäh werden. Ein zartes Ergebnis erhält man, indem man ihn in dünnen Scheiben mindestens 20 Minuten in einer Brühe kocht. Alternativ können die dünnen Pilzscheiben in Butter gebraten werden, gewürzt mit Salz, Pfeffer, Knoblauch und Zwiebeln. Luftgetrocknet und zu Pulver gemahlen, lässt er sich gut aufbewahren und als Verdickungsmittel in der Küche verwenden.

Dieser Pilz kommt meistens auf totem Holz wachsend vor, insbesondere auf Holunder, doch auch auf anderen Laubbäumen.

Waldpilze

Boletus edulis

Steinpilz / Herrenpilz

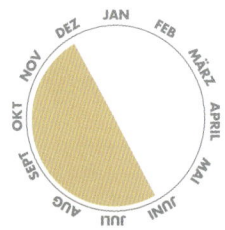

beliebt wegen des Geschmacks und der Beschaffenheit • sieht aus wie ein glasiertes Brötchen • stämmiger Stiel an der Basis bauchig verdickt • kann getrocknet aufbewahrt werden

Art

Ein großer Pilz mit variabler Hutfärbung – von hellbraun bis ins rot tendierende Kastanien-braun – wächst er auf einem 7–25 cm langem Stiel. Der Hut eines reifen Exemplars kann einen Durchmesser von 7–30 cm erreichen.

Beschreibung

Der Hut eines jungen Steinpilzes ist deutlich ge-wölbt und wird mit der Zeit flacher. Auf der Unter-seite des dicken, fleischigen Huts fehlen die für den Wiesenchampignon typischen Lamellen (siehe Seiten 104–105); an deren Stelle hat er kleine Poren, die ihm ein schwammiges Aussehen verlei-hen (weiß bei jungen, gelb bei älteren Exempla-ren). Der braune Stiel ist weiß gestreift und wei-ter oben weiß und honigwabenförmig genetzt.

Verwechslungsgefahr

Seien Sie gewarnt vor dem Satanspilz *(Boletus satanas)*, dessen dramatischer Name es bereits verrät. Dieser Giftpilz kann schon beim Verzehr kleinster Mengen zu Übelkeit führen. Er wächst fast immer einzeln nahe Eichen oder Buchen. Sein Hut ist auch bei reifen Exemplaren gewölbt. Die Poren an Hut und Stiel sind rot. Das Fleisch färbt sich an Schnittstellen blau und riecht unan-genehm nach Fäule.

Der breite, fleischige Hut und der an der Basis bauchige Stiel sorgen dafür, dass man den beliebten Steinpilz leicht erkennt.

Vorkommen

In ganz Europa vorkommend, findet man ihn meist unter Nadel- und Laubbäumen, insbesondere Fichten und Kiefern. Konzentrieren Sie Ihre Suche auf Lichtungen und Waldränder.

Sammelzeit

Tritt zwischen Juni und Dezember auf, insbesondere im September und Oktober.

Geschmack

Der Steinpilz gilt als einer der feinsten Speisepilze. Er hat einen köstlich nussigen, fleischigen Geschmack und ist von fester Beschaffenheit.

Verwendung

Der Steinpilz, auch Herrenpilz genannt, ist einer der erlesensten Speisepilze. Die Steinpilz-Rezepte sind zu zahlreich, um sie alle aufzählen zu können. Zu den geläufigsten Zubereitungsarten (neben der Möglichkeiten ihn roh zu verzehren (köstlich!) oder junge Exemplare einzulegen) gehören mit Speck in Olivenöl frittiert, in Bolognese-Sauce, in der Pfanne gebraten mit Paprika, Knoblauch und Zwiebeln und als Beilage zu Fleisch auf Holzkohle gegrillt. Der Steinpilz ist auch getrocknet in Supermärkten und Feinkostläden der ganzen Welt erhältlich.

Rezeptidee

Steinpilz-Pfannkuchen (siehe Seite 212)

Gelbbraune, schwammartige Poren an der Hutunterseite ersetzen die sonst für Pilze typischen Lamellen.

Checkliste

✔ süß duftend

✔ vor dem Verzehr auf Madenbefall untersuchen

✔ Fleisch verfärbt sich an Druckstellen nicht

✔ wächst in Nadel- und Laubwäldern

✔ bei feuchtem Wetter ist der Hut klebrig

✔ Stiel ist an der Basis bauchig verdickt

Cantharellus cibarius

Pfifferling / Eierschwamm

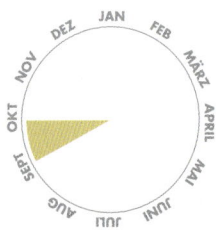

unübersehbarer, leuchtender Pilz • charakteristische Trichterform • nach dem Trocknen wieder eingeweicht, ist er eher zäh • Stiel und Hut sind gleichfarbig

Art

Diesen auf dem Boden wachsenden Pilz können Sammler dank seiner satten, dottergelben bis orange-gelben Farbe und dem trichterförmigen Hut nicht übersehen. Er wird 1,5–9 cm hoch und sein Hut misst im Durchmesser 2,5–10 cm.

Beschreibung

Die Farbe des Pfifferlings verblasst mit der Zeit, der gedrungene Stiel kann etwas heller sein als der Hut. Neben der Farbe sind die faltenförmigen, falschen Lamellen (Leisten) an der Hutunterseite charakteristisch, die weit am kurzen Stiel hinablaufen und dem Pilz ein fast architektonisches Erscheinungsbild geben. Das Fleisch ist blassgelb und verfärbt sich an Schnitt- oder Druckstellen nicht.

Verwechslungsgefahr

Der seltene, aber giftige Ölbaumtrichterling *(Omphalotus olearius)* kann für den Pfifferling gehalten werden. Mit der gleichen Größe und Farbe tritt er in großen Gruppen unter Bäumen oder auf absterbenden Baumstümpfen auf. Die Lamellen lassen in der Dunkelheit ein grünliches Leuchten erkennen.

Vorkommen

Überall in Europa vorkommend, findet man den Pfifferling am Boden in Laubwäldern (insbesondere bei Buchen und Eichen) und in Nadelwäldern. Bevorzugt offenes, leicht abfallendes Gelände mit dünnem Bodenbewuchs. Halten Sie also auch abseits von Waldwegen Ausschau nach ihm.

Sammelzeit

Die Erscheinungszeit der Pfifferlinge ist der Herbst (September und Oktober), bis zum ersten Frost, doch kann er auch im Hochsommer (um Juli) auftreten.

Überall in Europa sehr beliebt, findet man den Pfifferling häufig auf Märkten und in Lebensmittelläden.

Die gabelig verzweigten, leistenartigen Lamellen des Pfifferlings scheinen dem ringlosen Stiel zu entspringen.

Checkliste

✔ sehen Sie unter sommergrünen Hecken nach

✔ Stiel fühlt sich trocken und glatt an

✔ resistent gegenüber Insektenbefall

✔ Hut hat einen welligen, umgeschlagenen Rand

✔ wächst er in Gruppen, sind die Stiele gekrümmt und miteinander verwachsen

✔ dickes, festes Fleisch

Geschmack

Der Pfifferling gehört zu den erlesensten unter den Speisepilzen und es heißt, er habe „den perfekten Wildpilzgeschmack". Er lässt eine scharfe Note erkennen und verströmt einen fruchtigen Aprikosenduft.

Verwendung

Der Pfifferling wird am besten frisch verspeist. Er kann getrocknet werden, ist nach dem erneuten Einweichen allerdings lederig und zäh, auch einfrieren lässt er sich nicht gut. Versuchen Sie mal rohe Pfifferlinge oder schneiden Sie größere Pilze in feine Scheiben, um sie dann zu würzen und zu frittieren. Auch als Beilage zu Rührei oder als Omelettfüllung schmecken Sie vorzüglich.

Rezeptidee

Fettucine mit Pfifferlingen (siehe Seite 215)

Laetiporus sulphureus

Schwefelporling

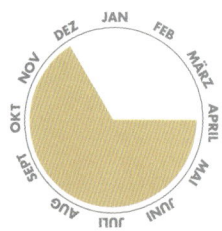

leicht erkennbarer Pilz • wächst an zahlreichen Baumarten • ältere Exemplare werden häufig brüchig • erscheint alljährlich am selben Standort

Art
Ein großer Baumpilz, der noch jung schwefelgelb leuchtet und später zu einem Blassgelb oder Weiß verblasst. Die Hüte breiten sich fächerartig aus und können an der breitesten Stelle bis zu 60 cm im Durchmesser und 2,5–3,5 cm dick werden.

Beschreibung
Dieser gesellige Pilz wächst dachziegelartig auf lebenden und toten Bäumen. Die Oberfläche ist glatt oder leicht rau, mit leuchtend orangefarbenen, gewellten Rändern. Die Unterseite ist zuerst zitronengelb und feinporig, was ihm ein schwammartiges Aussehen verleiht; im Alter verblasst sie und wird brüchig. Junge Exemplare sind fleischig, weich und gelb; mit der Zeit wird er blasser und pulverig.

Vorkommen
Der Schwefelporling wächst an vielen Baumarten, u.a. an Eiben, Buchen, Eichen, Kastanien, Eukalyptus- und Kirschbäumen und an Weiden. In ganz Europa vorkommend, wächst er bevorzugt auf älteren Bäumen, umgestürzten Stämmen und sterbenden Baumstümpfen. Konzentrieren Sie Ihre Suche daher eher auf ältere Waldgebiete denn auf junge Forste.

Sammelzeit
Abgesehen vom tiefsten Winter kann man den Schwefelporling das ganze Jahr über finden (April–Dezember). Am wahrscheinlichsten zu finden ist er im Juni, September und Oktober.

Geschmack
Dieser Pilz riecht stark nach, nun ja, nach Pilz. Gekocht schmeckt er nach Huhn und auch in der Beschaffenheit ähnelt er delikatem Fleisch, was ihm im Englischen den Namen „Chicken of the woods" eingebracht hat.

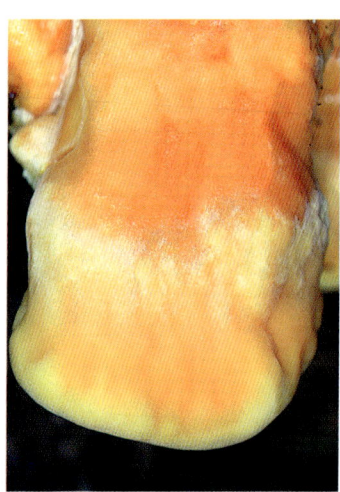

Die Beschaffenheit des Fruchtkörpers und der Geschmack dieser Waldpilzart erinnern an delikates Geflügelfleisch.

Verwendung

Rohverzehrter Schwefelporling kann zu üblen Magenverstimmungen führen (siehe Achtung). Für den Kochtopf sollten junge Exemplare ausgesucht werden – sie sind zarter und schmecken besser. Ältere Pilze können bitter und hart sein. Die Bitterstoffe neutralisieren kann man, indem man die Pilze vor dem Kochen blanchiert. Der Schwefelporling schmeckt gegrillt oder in wenig Fett gebraten. Er lässt sich nicht gut trocknen, dafür jedoch roh einfrieren.

Rezeptidee

Schwefelporling-Ragout (siehe Seite 216)

Achtung

Schwefelporlinge sind beliebte Speisepilze, die allerdings gut durchgegart werden müssen, um keine Magenverstimmung zu riskieren.

Schwefelporlinge können sowohl auf lebendem als auch auf totem Holz wachsen, insbesondere auf alten Eichen.

Checkliste

- ✔ unverkennbarer Pilz, der nur schwer zu verwechseln ist
- ✔ vor dem Verzehr gut durchgaren
- ✔ die fächerartig wachsenden Pilze können große Mengen Wasser aufnehmen und in Form von trüben Tropfen wieder abgeben
- ✔ Farbe kann bei direkter Sonneneinstrahlung matt erscheinen
- ✔ wildlederartige Oberfläche

Leccinum versipelle

Birkenrotkappe / Heiderotkappe

weit verbreitet • festes, aromatisches Fleisch • leuchtend orangefarbener Hut • auffällig großer Pilz

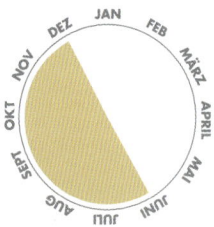

Art
Ein sehr großer Pilz, der 25 cm hoch werden kann. Der meist orange leuchtende Hut kann vom Rötlichen bis ins Rosafarbene reichen und erreicht im Durchmesser beträchtliche 25 cm.

Beschreibung
Der Hut ist meist gewölbt oder schildförmig, wird mit der Zeit flacher und ist in der Mitte oftmals geschuppt. Junge Exemplare sehen flaumig aus und werden mit der Zeit glatter. Der Stiel ist weiß oder grau gesprenkelt mit dunkelbraunen, flockigen Schuppen. Die winzigen Poren an der Hutunterseite sind zunächst dunkelgrau, später heller (weiß bis gelb-olivgrün). Der Stiel färbt sich an Schnittstellen blaugrün und läuft bei Luftkontakt schwarz an.

Verwechslungsgefahr
Die Birkenrotkappe kann mit dem artverwandten und ebenfalls genießbaren Birkenpilz (*Leccinum scabrum*) verwechselt werden. Diesen findet man meist unter Birken und oftmals in Gesellschaft der Birkenrotkappe, doch ist der Hut eher braun und der Stiel verfärbt sich an Schnittstellen und durch Luftkontakt nicht sichtbar.

Vorkommen
Wie der Name schon sagt, sucht man unter Birken nach diesem Pilz, insbesondere unter Bäumen, die auf offenem Heideland wachsen, aber auch in farnbewachsenen Nadelwäldern.

Sammelzeit
Von Juni bis Dezember und innerhalb dieses Zeitraums besonders im August, September und Oktober.

Die Birkenrotkappe ist auch als Heidenrotkappe bekannt und wächst unter Birken und auf Heideboden.

Geschmack

Dieser angenehm duftende Pilz hat einen nussigen Geschmack und obwohl er nicht ganz der Liga der Steinpilze (siehe Seiten 60–61) angehört, eignet sich sein festes Fleisch hervorragend für eine gemischte Pilzpfanne.

Verwendung

Bei älteren Exemplaren sollte der Großteil des Stiels entfernt werden. In jedem Fall stets die Schuppen entfernen. Dieser vielseitig verwendbare Pilz eignet sich für Suppen, zum Frittieren oder für Schmorgerichte. Für eine spätere Verwendung lässt er sich gut trocknen oder eingelegen. Besonders lecker ist es, den dünn geschnittenen Hut mit Knoblauch und Zwiebeln zu garen. Nach Geschmack würzen, Butter untermischen und mit geröstetem Brot servieren.

Rezeptidee

Wildpilz-Pastete (siehe Seite 217)

Checkliste

✔ resistent gegen Insektenbefall

✔ kann bis zu 1 kg wiegen

✔ Stiel verfärbt sich an Schnittstellen deutlich

✔ Hut färbt sich durch kochen schwarz

✔ wächst in Gemeinschaft mit Birken

Die den Stiel der Birkenrotkappe bedeckenden dunklen Schuppen sind das Schlüsselmerkmal dieser Spezies.

Waldpilze

Pleurotus ostreatus

Austernseitling / Austernpilz

wächst fächerförmig und dachziegelartig übereinander • weit verbreitet • wächst parasitär auf lebenden Bäumen • ganzjährig erhältlich

Art
Ein fächerförmig übereinander wachsender Baumpilz. Die Hüte werden je bis zu 20 cm breit und 1,5–2,5 cm dick. Der Stiel ist, wenn vorhanden, oftmals exzentrisch (seitenständig) angelegt. Die Farbe reicht von Weißgrau über Blaugrau zu Beige.

Beschreibung
Der Name ‚Auster' bezieht sich nicht auf den Geschmack, sondern auf das Aussehen. Der Hut junger Austernseitlinge ist gewölbt, mit der Zeit wird er flacher und zuweilen in der Mitte eingedrückt. Die Huträger sind leicht gewellt und zu den Lamellen hin eingerollt. Wenn vorhanden, ist der Stiel weiß und an der Verbindungsstelle zum Baum haarig-zottig. Die herablaufenden Lamellen sind zuerst weiß, später gelber.

Verwechslungsgefahr
Die Pilze, mit denen Verwechslungsgefahr besteht, sind zwar ungiftig, doch ihre Genießbarkeit lässt zu wünschen übrig. Am ähnlichsten in Gestalt und Habitat ist der Rillstielige Seitling *(Pleurotus cornucopiae)*, der meist auf totem Ulmenholz zu finden ist. Dieser schmeckt zwar nicht besonders, doch gut durchgegart ist der Verzehr unproblematisch.

Vorkommen
Ein Pilz, der vor allem, aber nicht ausschließlich, in den kühleren, gemäßigten Zonen Europas zu finden ist und am Stamm von Hartholzbäumen wächst (bisweilen sogar auf Zaunpfosten). Buchen stellen einen beliebten Lebensraum dieser Pilzart dar, die nur selten in Gesellschaft von Nadelbäumen vorkommt.

Sammelzeit
Mit Ausnahme des Hochsommers tritt der Austernseitling ganzjährig auf, wobei Herbst und Winter (insbesondere Dezember) seine Hauptsaison darstellen.

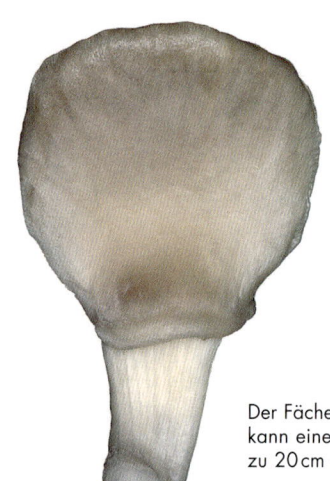

Der Fächerhut dieses Baumpilzes kann einen Durchmesser von bis zu 20 cm erreichen.

Geschmack

Je nachdem, wann Sie den Pilz finden, kann sein Geschmack von mild bis kräftig reichen, manchmal süßlich, manchmal mit einem subtilen Hauch nach Likör. Auch die Beschaffenheit kann variieren, in den Wintermonaten ist er oftmals fleischiger.

Verwendung

Da sich der Austernseitling als Zuchtpilz bewährt hat, kann man ihn immer häufiger in Supermärkten und im Gemüsehandel finden – Pilzesammler würden jedoch gleich bemerken, dass diese nicht so aromatisch sind wie die Wildform. Der Austernpilz eignet sich nicht zum Trocknen. Kleine Exemplare sind meist schmackhafter und zarter. Stiele gänzlich entfernen, in Scheiben schneiden, in gewürztem Paniermehl wenden und im Fettbad frittieren. Auch im Alleingang, bei mäßiger Hitze in Butter oder Olivenöl sautiert, schmeckt er köstlich.

Die Lamellen des Austernseitlings sind weiß oder gelb; der Hut ist eher graublau.

Achtung

Das Einatmen der Pilzsporen kann vereinzelt allergische Reaktionen hervorrufen.

Checkliste

- ✔ exzentrischer Stiel
- ✔ wächst auf Holz, nicht auf dem Boden
- ✔ Fleisch duftet angenehm
- ✔ dachziegelartig übereinander wachsende Gruppen
- ✔ vor dem Kochen auf Madenbefall untersuchen

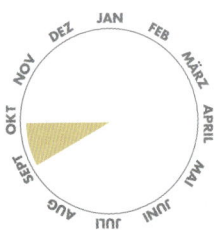

Sparassis crispa

Krause Glucke / Fette Henne

erscheint zu jeder Saison am selben Standort • komplexe Struktur • wird mit der Zeit zäher • lässt sich gut trocknen

Waldpilze

Art
Ein großer, runder Pilz, der an ein Gehirn, einen Schwamm oder einen Blumenkohl erinnert. Der tief vergrabene Stiel ist meist nicht sichtbar oder fehlt ganz. Der Fruchtkörper selbst misst im Durchmesser 12–40 cm.

Beschreibung
Der Fruchtkörper der meist allein stehenden Krausen Glucke besteht aus einem dichten Geflecht abgeflachter, gekräuselter Zweige, das von einem zentralen Strunk aus wächst. Die Farbe variiert je nach Alter – zunächst cremefarben, wird er mit der Zeit dunkler oder gänzlich braun. Die Verfärbung ist insbesondere an den Rändern der Zweige sichtbar. Das Fleisch ist blass bis weiß.

Verwechslungsgefahr
Eine ähnliche Spezies ist der nahe Eichen wachsende Klapperschwamm *(Grifola frondosa)*, der sich gleichfalls blumenkohlförmig ausbildet, wobei die einzelnen Segmente flacher und eher fächerförmig sind. Irrtümlicherweise gesammelt richtet er keinen Schaden an, weil er ebenfalls genießbar ist.

Vorkommen
Die Krause Glucke ist in ganz Europa verbreitet und fast immer auf den Stümpfen toter Kiefern oder in ihrer Nähe auf dem Boden zu finden. Gelegentlich kommt sie auch in Nadel-, nicht aber in Laubwäldern vor.

Sammelzeit
Viel Spielraum bietet die Krause Glucke dem Sammler nicht, da sie nur im Herbst (September und Oktober) erscheint. Bei mildem Klima kann sie auch am Winteranfang noch wachsen.

Glucke, so nennt man auch brütende Hennen und auch die Krause Glucke trägt vielerorts den Namen Fette Henne.

Vor der Zubereitung muss dieser Pilz in Stücke geschnitten und gründlich gesäubert werden, um Kleinstlebewesen und Schmutz aus den Hohlräumen zu entfernen.

Checkliste

✔ duftet eher aromatisch als erdig

✔ der zähe, wurzelartige Strunk steckt tief in der Erde

✔ kommt ausschließlich in Nadelwäldern vor

✔ kurze Erscheinungszeit

✔ wächst auf Holz und am Boden

✔ Fleisch junger Exemplare ist spröde

Geschmack

Ältere Exemplare werden zunehmend zäh und bitter. Junge Pilze sind köstlich – das Fleisch duftet würzig-aromatisch und schmeckt angenehm haselnussartig.

Verwendung

Wegen der verästelten Form muss dieser Pilz gründlich gesäubert werden, um ihn von allen Kiefernnadeln, Insekten und Erde zu befreien. Am besten nutzt man hierfür einen Pinsel. Sehr verschmutzte Exemplare können auch mit Wasser gewaschen werden, doch sollten sie vor der Zubereitung gut abgetrocknet werden. Junge, helle Exemplare sind am schmackhaftesten. In grobe Stücke oder Scheiben geschnitten, kann man diesen Pilz sautieren, backen oder in Bierteig getunkt auch im Fettbad ausbacken. Der nussige Geschmack macht ihn zu einer exzellenten Zutat für Schmorgerichte und Suppen.

Xerocomus badius

Maronenröhrling / Braunhäuptchen

Stieloberfläche ist faserig gestreift • weit verbreitet • Fleisch verfärbt sich an Schnittstellen • lässt sich gut trocknen

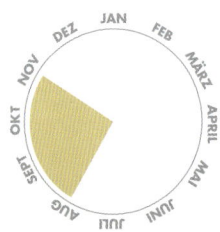

Art

Mit einer Wuchshöhe von bis zu 15 cm und einem Hutdurchmesser von 7–15 cm ist dieser Pilz im unreifen Stadium flaumig-samtig, mit der Zeit nimmt der Hut eine augenfällige und gleichmäßige, rotbraune bis kastanienbraune Färbung an.

Beschreibung

Der Hut ist deutlich gewölbt, mit leicht gewellten Rändern. Die Unterseite ist mit einem feinen Netz gelber Poren besetzt, die bei Berührung blaugrün anlaufen. Das Fleisch ist fest und blass und färbt sich an Schnitt- oder Bruchstellen schwach blau. Der hellbraune Stiel ist robust, etwa 2,5 cm im Durchmesser und mit Fasern überzogen, was ihm eine streifige Oberfläche verleiht.

Verwechslungsgefahr

Sie könnten den genießbaren Steinpilz (siehe Seite 60–61) für den Maronenröhrling halten. Im Zweifelsfall lässt sich der Steinpilz durch das Netzmuster auf seinem Stiel unterscheiden. Der Flockenstielige Hexenröhrling ist ein weiterer potenzieller Verwechslungskandidat. Auch hier gibt der Stiel Aufschluss über die Spezies – sein bauchiger, gelber Stiel ist mit roten Pünktchen übersät.

Vorkommen

Nach diesem weit verbreiteten Pilz sucht man am besten in Kiefern- (insbesondere Waldkiefern) und Fichtenwäldern, obwohl er mitunter auch in

Dieser weit verbreitete Waldpilz kommt sowohl in Nadel- als auch in Laubwäldern vor.

Checkliste

- ✔ kann blaue Flecken auf den Händen hinterlassen
- ✔ nicht anfällig für Insektenbefall
- ✔ sowohl gesellig als auch einzeln auftretend
- ✔ Hut wird im Alter flacher
- ✔ wächst auf sauren Böden
- ✔ anfangs flaumiger Hut wird mit der Zeit glatter

Gesellschaft von Laubbäumen wie Eichen, Birken und Edelkastanien zu finden ist.

Sammelzeit
Der Herbst ist die beste Zeit, um den Maronenröhrling zu finden, vor allem nach einer längeren Feuchteperiode im Sommer. Suchen Sie ab dem Spätsommer nach ihm (August bis November).

Geschmack
Der Maronenröhrling hat ein subtiles, delikates Aroma und obgleich er schmackhaft ist, zeigt er keinen besonderen Eigengeschmack.

Verwendung
Dieser vielseitig verwendbare Pilz passt zu vielen Gerichten. Entfernen Sie zunächst Blatt- und Erdreste. Untersuchen Sie ihn auch auf Madenbefall, auch wenn er bei dieser Spezies eher unwahrscheinlich ist. Ist der Stiel grob und

Der Maronenröhrling hat einen zylindrischen Stiel, ist von warmer, gelb-brauner Farbe und auffällig gestreift.

zäh, sollte man ihn entfernen. Gängige Zubereitungsarten sind Schmorgerichte, Eintöpfe und Suppen, doch auch im Alleingang schmeckt er, dünn geschnitten, in Butter gebraten und nach Belieben gewürzt, vorzüglich. Man kann ihn gut trocknen und wieder einweichen und so für eine spätere Verwendung als Würzmittel verwahren.

Rezeptidee
Waldpilz-Pastete (siehe Seite 217)

Maronenröhrling

UFERPFLANZEN

Fließendes Wasser zu betrachten und ihm zu lauschen wirkt wie ein Tonikum, das die Seele besänftigt und den Geist beruhigt. Doch Wasser schafft noch mehr – es liefert die konstante Feuchte, die bei vielen der leckersten Wildpflanzen aus der Vorratskammer der freien Natur so beliebt ist. Dazu gehören die Süßdolde mit ihrem intensiven Anisaroma; Petersilie und Koriander, die Hintergrundgeschmäcker so vieler unserer Leibgerichte; und die mit der Einführung des Selleries verdrängte und in Vergessenheit geratene Gelbdolde, auch Pferdeeppich genannt.

Barbarea vulgaris

Barbarakraut / Winterkresse

aufrechte, zwei- oder mehrjährige Pflanze • leuchtend gelbe
Frühlingsblüten • gekocht und roh verzehrbar • weit verbreitet

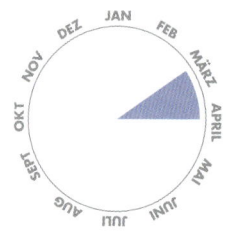

Art

Eine zwei- oder mehrjährige Pflanze, die lockere
Bestände bildet und 35–40 cm hoch wird. Die
aufrechten Blütenstängel erreichen bis zu 1 m
Höhe.

Beschreibung

Die wechselständigen Blätter glänzen dunkelgrün. Die unteren Blätter sind gelappt, 5–20 cm
lang, mit großen, runden, am Grund herzförmigen Endlappen; die oberen, kleineren Blätter sind
ungeteilt und buchtig gezahnt. Die vierblättrigen
Blüten sind hellgelb und blühen ab dem Frühling
bis zum Frühsommer (April–Juni). Sie sitzen in
endständigen Trauben auf aufrechten, die roset-
tigen Grundblätter weit überragenden, kahlen
Stängeln.

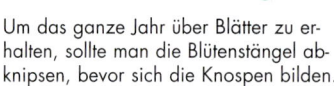

Um das ganze Jahr über Blätter zu erhalten, sollte man die Blütenstängel abknipsen, bevor sich die Knospen bilden.

Verwechslungsgefahr

Die Blüten des Barbarakrauts sind leicht mit denen
des Ackersenfs *(Sinapis arvensis)* und des Hede-
richs *(Raphanus raphanistrum)* zu verwechseln.

Vorkommen

Auf Weiden, Brach- und Ödland zu finden, meist
in Verbindung mit fließendem Wasser, wie etwa
Gräben und Bächen. Wächst bevorzugt auf
feuchten, gut drainierten, nährstoffreichen Sand-
oder Lehmböden. Die aus Eurasien stammende
Pflanze ist heute in allen gemäßigten Zonen der
nördlichen Hemisphäre heimisch.

Checkliste

✔ dunkelgrüne, gelappte Blätter in
  grundständigen Rosetten

✔ lange, kahle Stängel mit hellgelben Blüten

✔ gedeiht auf feuchten Böden ohne
  Staunässe

✔ lockt Wildtiere an

✔ treibt aus einer Pfahlwurzel und bildet
  ein faseriges Wurzelnetz

Sammelzeit

Ernten Sie die frischen, jungen Blätter im Vorfrühling. Sie passen zu Salaten oder können gekocht werden (siehe unten). Wo milde Winter herrschen, sind die Blätter das ganze Jahr über erhältlich. Das Abknipsen der Blütenstängel vor der Entfaltung der Blüten führt zu einer längeren Blattproduktion. Außen wachsen neue Blätter, die Sie nun pflücken können.

Geschmack

Die Blätter der auch unter dem Namen Winterkresse bekannten Pflanze schmecken würzig scharf und leicht bitter. Daher sind sie ein perfekter Zusatz, um die milden und manchmal fade schmeckenden, im Handel erhältlichen Salate aufzupeppen.

Verwendung

Sie sollten es auf die jungen Blätter absehen – fein gehackt sind sie eine tolle Salatzugabe. Mit älteren Blättern gemischt können sie wie Spinat in ein wenig Wasser gekocht werden. Nicht so geläufig ist die Verwendung der Blütenstängel. Lesen Sie junge Stängel aus, bevor sich die Blüten geöffnet haben, und kochen oder dämpfen Sie diese kurz.

Rezeptidee

Barbarakraut-Salat
(siehe Seite 218)

Die knallgelben Blüten der selbstbefruchtenden Pflanze besitzen sowohl männliche als auch weibliche Fortpflanzungsorgane.

Calluna vulgaris

Heidekraut / Besenheide

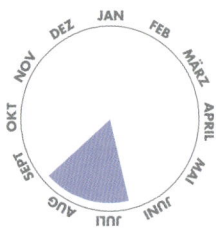

zäher, immergrüner Strauch • dichter, kompakter Wuchs • Teppich bildend • kann sich invasiv ausbreiten • hübsche Herbsttöne

Uferpflanzen

Die Blüten des Heidekrauts sitzen einzeln an der Spitze der Blüten tragenden Zweige.

Art

Ein niedrig wachsender, Teppich bildender, immergrüner Zwergstrauch, der so breit wie hoch wird und 60–100 cm erreicht.

Beschreibung

Das bei günstigen Bedingungen bodendeckende Heidekraut ist im Nordwesten Europas beheimatet. Die schuppenartigen Blätter sind gegenständig, meist nicht länger als 2,5 mm und mittelgrün. Im Herbst nimmt das ausdauernde Blattwerk rote, bronzefarbene oder gelbe Töne an. Die Blüten öffnen sich ab dem Spätsommer bis zum Frühherbst (Juli–September) und bilden violette Ähren aus glockenförmigen Blüten.

Vorkommen

Ein anpassungsfähiges Kraut, das auf trockenem Boden wachsen kann, doch feuchte, saure und nährstoffarme Böden an Flussufern und in Mooren bevorzugt. Es verträgt sowohl Sonne als auch Schatten, wächst samt Wind und Salz in Küstennähe und, wie der Name schon sagt, auf Heiden.

Sammelzeit

Behalten Sie im Sommer ein Auge auf das Kraut und sammeln Sie die Zweige, sobald sich die Blüten ganz geöffnet haben. Der aus den nektar-

Checkliste

- ✔ dachziegelartig angeordnete Blätter
- ✔ Wuchsform variiert je nach Bedingungen
- ✔ Blüten rosa bis purpurn, etwa 5 mm lang
- ✔ Samen reifen im Spätherbst
- ✔ das im Frühling blühende Heidekraut heißt Erica, nicht Calluna

reichen, zuweilen betörend duftenden Blüten gewonnene Heidehonig zählt weltweit zu den hochwertigsten.

Geschmack

Die Blüten müssen verarbeitet werden, damit sich das Aroma entfaltet.

Verwendung

Die verwendbaren Pflanzenteile sind die blühenden Sprossspitzen, die getrocknet als Tee aufgegossen werden. Er soll der Lieblingstee des schottischen Poeten Robert Burns gewesen sein. Früher wurden die frischen Triebe anstelle von Hopfen als Würzmittel beim Bierbrauen verwendet und mit Heidekrautblüten vermengter Honig diente zum Würzen von metartigen Getränken.

An günstigen Standorten bildet das Heidekraut einen dichten, flächendeckenden Laubteppich.

Coriandrum sativum

Echter Koriander / Wanzenkraut

delikat aussehende, einjährige Pflanze • nicht vollständig frosthart • Blätter, Samen und Wurzeln verwendbar • das weltweit wohl verbreitetste Gewürz

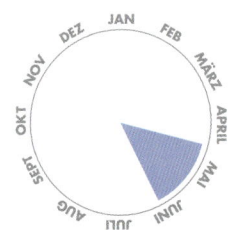

Art

Lassen Sie sich von den delikaten Wedeln dieser Pflanze nicht täuschen – sie kann zäh sein. Der Koriander wird etwa 60–90 cm hoch und 30–60 cm breit, verträgt leichten Frost, doch mag weder übermäßige Hitze noch Feuchte.

Beschreibung

Koriander weist auffallend unterschiedliche Blattarten vor. Die unteren Blätter sind 2,5–5 cm groß, gegenständig und gelappt; die oberen Blätter sind fein gefiedert und erinnern an Farn. Der Koriander gehört zur selben Familie wie die Karotte, die ebenfalls farnartige Blätter bildet. Dolden aus weißen oder rosa Blüten erscheinen im Juni und Juli, gefolgt von Samen, die zwischen August und September reifen.

Vorkommen

Koriander mag durchlässigen, lockeren Sandboden und lichten Schatten. Da es sich bei den Wildbeständen meist um Kulturflüchtlinge handelt, sucht man ihn am besten auf an Äckern angrenzenden Brachen. Fließende Gewässer liebt er der konstanten Wasserzufuhr wegen. Der im Mittelmeerraum beheimatete Koriander kommt heute in allen gemäßigten Zonen Europas vor.

Sammelzeit

Für den Sammler sind zwei Phasen interessant. Im Vollfrühling und Frühsommer sind die farnartigen Blätter, auch Cilantro, erntereif. Wenn Sie die Pflanze zur Samenernte erneut aufsuchen möchten, so pflücken Sie lediglich die Blätter, die Sie für den sofortigen Gebrauch benötigen, sodass die Pflanze weiterhin kraftvoll gedeihen kann. Im Spätsommer (August–September) stirbt die Pflanze ab und Sie können der Samen wegen zurückkehren.

Die Ränder der Korianderblätter sind unregelmäßig gesägt. Hier sind die unteren, gelappten Blätter zu sehen.

Geschmack

Die farnartigen Cilantro-Blätter haben einen vollen, beißenden Geschmack und ein frisches, eigentümliches Aroma. Manche Menschen empfinden ihn als unangenehm und vergleichen ihn mit Wanzen, daher auch der Name Wanzenkraut. Die Samen entwickeln erst getrocknet ihr typisches Aroma.

Verwendung

Koriander ist schon im antiken Ägypten kultiviert worden und seit 5.000 Jahren Teil des kulinarischen Erbes. Die Blätter können in den benötigten Mengen frisch gepflückt werden und dienen zum Garnieren und Würzen von Salaten, Suppen, Fleischgerichten (insbesondere Schwein) und Currys. Koriander ist ein wichtiger Bestandteil so verschiedener Küchen wie der chinesischen, lateinamerikanischen und nordafrikanischen und kann, wenn nötig, auch eingefroren werden. Getrocknete Koriandersamen sind in vielen Gerichten Vorderasiens, des Mittelmeerraums und Indiens ein absolutes Muss. Zu einem feinen Pulver gemahlen werden Koriandersamen außerdem zum Würzen von Kuchen und Süßspeisen verwendet. Auch die Wurzel lässt sich trocknen und zu Pulver verarbeitet als Würzmittel verwenden.

Rezeptidee

Schwarze Bohnensuppe mit Koriander
(siehe Seite 223)

Die Koriandersamen entwickeln sich, sobald die Blüten absterben, und sind zwischen August und September erntereif.

Checkliste

✔ Stängel rund und fein gerillt

✔ Blütenreichtum macht die Pflanze unverkennbar

✔ die Samen reifen in runden, gelb-braunen Hülsen

✔ unreife Samen schmecken bitter

✔ stark aromatische Blätter

Echter Koriander

Fragaria vesca

Walderdbeere

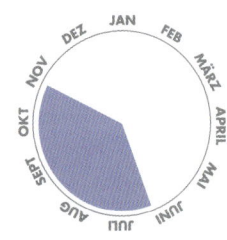

potenziell invasive, mehrjährige Pflanze • kleinere Frucht als bei der Kulturform • die Frucht benötigt einen langen Reifezeitraum • Blätter, Früchte und Wurzeln verwendbar

Uferpflanzen

Art

Eine niedrig wachsende, mehrjährige Pflanze, die sich durch Ausläufer, Samen oder Teilung vermehrt. Sie wird zwar lediglich knapp 30 cm hoch und 25 cm breit, doch kann diese kleine, robuste Pflanze rasch Boden deckende Bestände bilden.

Beschreibung

Die Blattstiele und Blütenstände der Walderdbeere sind grünlich-rot/violett und können dicht behaart sein. Die Blätter setzen sich aus drei eiförmigen Fiederblättern mit grob gesägten Rändern zusammen, wobei die mittleren länger und an der Basis v-förmig sind. Die fünfblättrigen Blüten sind weiß, sitzen auf bis zu 25 cm langen Stängeln und blühen während eines langen Zeitraums zwischen Mai und Oktober. Die Walderdbeere kommt in allen gemäßigten Zonen Europas vor.

Vorkommen

Die Walderdbeere mag feuchte Böden, verträgt aber unterschiedliche Bodentypen, auch schweren Lehm, und meidet Staunässe. Sie wächst in sonnigen bis absonnigen Lagen und ist in lichten Wäldern, an Waldrändern, in Gebüschen, Hecken, auf Kahlschlägen, Böschungen und an Wegrändern zu finden.

Sammelzeit

Alle Welt liebt diese Pflanze wegen ihrer strahlend roten Beeren. Dabei handelt es sich um Scheinfrüchte, auf denen kleine, schwarze Nüsschen sitzen. Diese können ab Juni und je nachdem wann der erste Frost kommt, bis November geerntet werden. Allerdings werden Sie mit Vögeln um die süßen Früchte konkurrieren müssen.

Geschmack

Die Walderdbeere bringt kleinere Früchte hervor als Zuchterdbeeren, doch sie schmecken intensiv

Die dreizählig gelappten, gesägten Blätter der Walderdbeere sind das Schlüsselmerkmal der Pflanze.

süß und oftmals besser als die zwar sehr hübschen, doch dafür fader schmeckenden, im Handel erhältlichen Erdbeeren.

Verwendung

Die reifen Früchte werden meist frisch vernascht, entweder allein, in einem frischen Obstsalat oder im Frühstücksmüsli. Püriert dienen sie als süße Fruchtsauce für andere Obstspeisen oder Eiscreme. Sie lassen sich auch zu köstlicher Konfitüre verarbeiten. Die Blätter ergeben sowohl frisch als auch getrocknet einen erfrischenden Tee. Nehmen Sie hierfür junge Blätter und lassen Sie diese einige Tage trocknen. Zu guter Letzt sei auf die Verwendbarkeit des Wurzelstocks (Rhizom) der Pflanze hingewiesen, der als Kaffeeersatz dienen kann.

Rezeptidee

Walderdbeeren-Eiscreme (siehe Seite 219)

Checkliste

✔ **stark geaderte Blätter**

✔ **Früchte etwa 1,5 cm im Durchmesser**

✔ **stets unter den Blättern nach sehr reifen Früchten sehen**

✔ **der Blüten tragende Stängel überragt die Blätter**

✔ **damit die Beeren duften, muss Feuchtigkeit herrscht**

Walderdbeere

Insekten, wie etwa Bienen, Fliegen und Falter, sind lebensnotwendig für die erfolgreiche Bestäubung der Erdbeere.

Myrica gale

Gagelstrauch

buschiger Strauch • Pflanzen zeigen männliche oder weibliche Blüten • kahle Blütenstängel • frisch oder getrocknet verwendbar

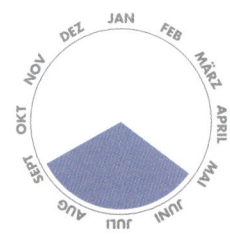

Art
Ein kleiner bis mittelgroßer, sommergrüner Strauch, etwa 1,5–2 m hoch und 1 m breit.

Beschreibung
Die einfachen Blätter sind wechselständig, schmal und umgekehrt eiförmig (das spitze Ende am Blattstiel), die Ränder lediglich zur Spitze hin gezahnt. Sie sind blaugrün (oberseitig dunkler als unterseitig), etwa 2,5–7 cm lang und duften. Die rötlich-braune Rinde wird mit der Zeit grauer. Die weiblichen, grün-braunen Blüten erscheinen in kurzen Kätzchen, die männlichen, gelb-braunen Blüten in langen Kätzchen im Frühling, noch vor dem Blattaustrieb (März–Mai). Auf die Blätter folgen dann die Samen, die im Spätsommer reifen (August–September).

Vorkommen
Diese Pflanze braucht konstant feuchten oder nassen Boden. Sie wächst insbesondere im Norden Europas in Hochmoorgebieten, auf feuchten Heiden und Waldwiesen. Sie bevorzugt volle Sonne oder den lichten, offenen Schatten sonniger Waldränder.

Sammelzeit
Pflücken Sie die Blätter des Gagelstrauchs ab Ende Mai während der gesamten Wachstumsphase, bis er sie im Herbst abwirft. Um die Blüten als Aromastoff zu verwenden, ist März bis Mai die beste Sammelzeit. Die Erntezeit der Beeren liegt im Spätsommer (August–September).

Die Blüten sind entweder männlich oder weiblich, d. h. für eine Befruchtung müssen beide vorhanden sein.

Checkliste

✔ zerriebene Stängel und Blätter stark aromatisch

✔ Aroma der trockenen Blätter ist intensiver

✔ Blumen wachsen auf dem Holz aus dem Vorjahr

✔ schlanke, dunkelbraune Zweige

Geschmack

Die Früchte und Blätter strömen ein Aroma aus, das sich im Geschmack weitestgehend wider-spiegelt. Ältere Blätter könnten allerdings etwas bitter schmecken.

Verwendung

Die Blätter des Gagelstrauchs wurden in Deutschland, Belgien und Großbritannien lange Zeit vor der Einführung des Hopfens zum Wür-zen von Bier verwendet. Verwenden Sie die Blätter wie Lorbeerblätter in Suppen, Saucen und Eintöpfen, um sie anschließend wieder zu entfernen. Die Blätter ergeben getrocknet und zerkrümelt einen sehr angenehmen Teeaufguss, während die getrockneten Beeren als Gewürz dienen.

Achtung

Diese Pflanze enthält chemische Wirkstoffe, die zu Fehlgeburten führen können. Verzehren Sie diese Pflanze auf gar keinen Fall, wenn Sie schwanger sind oder es sein könnten.

Unter günstigen Bedingungen bildet der Gagelstrauch ein dichtes Gestrüpp. Die Blü-ten erscheinen auf dem einjährigen Holz.

Myrrhis odorata

Süßdolde / Myrrhenkerbel

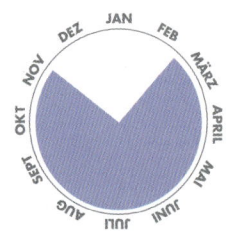

attraktives, federartiges Laub • alle Pflanzenteile verwendbar • süß duftende, mehrjährige Pflanze • eignet sich als Süßstoff für Diabetiker

Art

Die Süßdolde ist eine aromatische, buschig wachsende, mehrjährige Pflanze mit aufrechten, hohlen Stängeln. Sie wird 1–1,5 m hoch und ebenso breit.

Beschreibung

Die wedelartigen Blätter sind fein geschnitten, bis zu 50 cm lang und unterseitig von einem helleren Grün. Die länglichen bis eiförmigen Blattabschnitte sind gelappt und haben gesägte Ränder. Die Blütenstängel enden in zusammengesetzten Dolden aus weißen Blüten, die zwischen Mai und Juni blühen. Die Samen reifen im Juli und August.

Beim Reifen formen die Samen eine faserige Außenschale. Roh verwendet man nur die noch grünen Samen.

Vorkommen

Die Süßdolde sucht man am besten in der Nähe fließender Gewässer, auf Flussbänken, Feuchtwiesen und in Hecken. Sie tritt häufig in Siedlungsnähe auf und kann in Bergregionen Kolonien bilden. Sie verträgt schwere als auch lockere Bodentypen und benötigt feuchte, aber gut drainierte Böden, um zu gedeihen. Ein weiterer, möglicher Fundort der duftenden Süßdolde sind lichte Waldränder.

Checkliste

✔ zerstoßen riechen die Samen stark nach Anis

✔ kann bereits am Winterende erscheinen

✔ weiße Blütendolden erscheinen sehr früh, wenn noch wenige Pflanzen blühen

✔ kommt eher in Bergregionen vor

✔ verträgt sowohl Schatten als auch volle Sonne

Sammelzeit

Die jungen Blätter der Süßdolde entwickeln sich ab dem Spätwinter oder Vorfrühling hindurch bis zum nächsten Winteranfang. Die Samen erscheinen erst nach der Blütezeit (Mai–Juni) und nachdem die kleinen, grünen, gurkenförmigen Früchte gereift sind (Juli–August). Sobald sich die Blüten entfalten, verlieren die Blätter an Kraft.

Geschmack

Alle Pflanzenteile der Süßdolde zeigen einen überwältigenden Geschmack nach süßem Anis. Insbesondere die Samen und Blätter haben ein starkes und intensives Aroma.

Verwendung

Süßdoldenblätter können roh verzehrt werden – probieren Sie diese fein gehackt in Joghurt oder Schlagsahne. Gekocht verleihen sie Gemüsegerichten ein exzellentes Aroma und vermögen saure Kompotts zu neutralisieren. Getrocknete Süßdoldenblätter sind ein wundervolles Würzmittel und werden häufig in Bouquets garni verwendet. Die trockenen Blätter lassen sich auch als Tee aufgießen. Die beliebten Samen schmecken äußerst intensiv und passen fabelhaft zu Gerichten, bei denen man sonst Anis oder Fenchel verwenden würde. Ein aus den Samen extrahiertes Öl wird zum Würzen von Chartreuse verwendet. Die Wurzel sollte gründlich gesäubert werden und kann roh oder gekocht mit anderem Gemüse verzehrt werden, dem sie zusätzlichen Geschmack verleiht.

Große, weiße Blütendolden erscheinen im Vollfrühling über den farnartigen Blättern. Sie blühen bis zum Frühsommer.

Petroselinum crispum

Petersilie

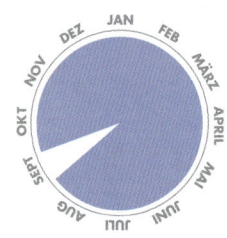

wird seit dem Mittelalter als Heilpflanze genutzt • glänzend grüne
Blätter • das kräftige Aroma erlaubt eine sparsame Verwendung •
reiche Vitamin- und Mineralstoffquelle

Art

Dieses kahle, zweijährige Kraut besitzt eine kräftige Pfahlwurzel, aus der solide Stängel treiben,
und wird etwa 70 cm hoch und 35 cm breit.

Beschreibung

Die glänzenden Blätter sind leuchtend grün. Die
unteren bestehen aus dreieckigen Segmenten,
sind bis zu 2,5 cm lang und haben rundgezack-
te oder gesägte Ränder; die oberen Blätter sind
dreizählig gefiedert. Die flachen Dolden setzen
sich aus gelblichen Einzelblüten zusammen, sind
2,5 – 5 cm breit und blühen von Juni bis August.
Die Samen reifen von Juli bis September.

Vorkommen

Zu finden ist das robuste Kraut am ehesten auf
Sand- oder Felsbänken, auf grasigem Ödland
und in Küstennähe – überall, wo es feuchte,
gut drainierte Böden gibt. Es verträgt sowohl
lockere Sand- als auch Lehmböden und benötigt
zumindest Teilsonne – ideal ist volle Sonne. Sein
natürliches Vorkommen liegt im Mittelmeerraum,
doch heute ist es auch in nördlicheren Regionen
heimisch.

Sammelzeit

Regelmäßiges Blätterpflücken regt die Pflanze zu
frischem Wuchs an, es lohnt sich also, die Pflanze während der ganzen Wachstumsphase aufzu-
suchen. Allerdings sollten stets genügend Blätter
übrig bleiben, um das Fortbestehen der Pflanze
zu sichern und so auch die Samen zu erhalten,
die im Frühherbst reifen (September).

Geschmack

Der kräftige, aromatische Geschmack der Petersilie, von dem es zuweilen heißt, er habe eine
nussige Unternote, ist sehr dominant, weshalb

Die Blätter der Petersilie sind von einer
leuchtend frisch-grünen Farbe und sitzen auf einem langen Stängel.

sie sparsam verwendet wird. Die Blätter sind wegen des hohen Chlorophyllgehalts außerdem noch ein toller Atemerfrischer.

Verwendung

Die Petersilie ist eine hervorragende Quelle der Vitamine A, B und insbesondere C. Sie ist außerdem reich an Magnesium, Eisen und Calcium. Die rohen Blätter dienen als Garnierung oder kräftiges Würzmittel. Die Blätter können auch gekocht werden; die Japaner frittieren sie auf kleiner Flamme im Fettbad. Petersilienblätter lassen sich besser einfrieren als trocknen, doch auch die getrockneten Blätter sind ein ausgezeichnetes Würzmittel. Sie sind eine tolle Zutat für Bouquets garni und auch als Tee aufgießbar, wobei sich hierfür auch frische Blätter eignen.

Rezeptidee

Petersilien-Kräuter-Salat (siehe Seite 220)

Checkliste

✔ **stark aromatische Blätter**

✔ **runde Wuchsform und krause Blätter**

✔ **wächst büschelartig**

✔ **begünstigtes Wachstum in Kalkstein-regionen**

✔ **Früchte sind etwa 2,5 cm lang und breit eiförmig**

Im Sommer des zweiten Vegetationsjahres bildet die Petersilie zusammengesetzte Dolden aus gelblichen Blüten.

Phragmites australis

Schilf / Ried

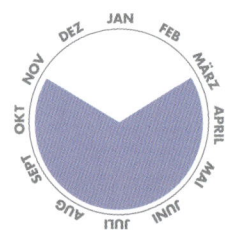

kräftiges, invasives Schilfgras • einer der ältesten Naturbaustoffe der Kulturgeschichte • enthält zuckerreichen Saft • alle Teile sind verwendbar

Art

Ein schnellwüchsiges, mehrjähriges Schilfrohr mit einem rhizomatischen Wurzelsystem. Das Schilf erreicht in der Blütezeit eine Höhe von 3,5 m und breitet sich über den ganzen verfügbaren Platz aus.

Beschreibung

Die geradlinigen oder schwertförmigen Blätter sind 1–2,5 cm breit und etwa 65 cm lang. Die grau-grünen Blätter nehmen im Herbst rostrote Tönungen an. Im Spätsommer schießen lange, bambusartige Ährenrispen in die Höhe, die in bräunlichen, federartigen Blüten enden. Auf diese folgen getreideartige Samenköpfe.

Vorkommen

Zu den Lebensräumen des Wasser liebenden Schilfrohrs gehören Sümpfe, Moore, Seeufer und die Röhrichtzonen (ruhige Randzonen) langsam fließender Gewässer. Auch in Baggerlöchern kann es auftreten. In sonnigen und absonnigen Lagen gedeiht es prächtig, verträgt aber weder trockene noch saure Böden. Das Schilf ist in ganz Europa und weltweit in allen gemäßigten Zonen zu finden.

Sammelzeit

So viele Teile sind essbar und zu so vielen Vegetationsstadien, dass man dieses Süßgras ab dem Vorfrühling, wenn die ersten Sprossen erscheinen, bis zum Spätherbst, wenn die Samen gereift sind, aufsuchen sollte.

Der aus dem Wasser ragende Halm endet in einer Rispe. Diese besteht aus kleinen Ährchen, auf denen die Blüten sitzen.

Schilf

Das Schilf ist eine kraftvolle Pflanze und wegen des hohen Zuckergehalts weltweit als Nahrungsmittel beliebt.

Checkliste

✔ in offenen Feuchtgebieten beheimatet

✔ hochwüchsiges Süßgras, das rasch undurchlässige Bestände bildet

✔ federartige Blüten dunkelbraun bis lila

✔ etabliert sich ausschließlich in stehenden oder langsam fließenden Gewässern

✔ Blatt verjüngt sich zu einer schlanken Spitze

Geschmack

Man erhält nicht leicht Auskunft über den zuckersüßen Geschmack des Schilfrohrs, der zuweilen mit Likör verglichen wird, vermutlich weil er im Gegensatz zu anderen Wildpflanzen nicht bereits aromatisch duftet.

Verwendung

Junge Wurzeln können getrocknet, gemahlen und wie Brei oder Kartoffeln gekocht werden. Auch die Unterwasserhalme können gekocht werden, obwohl diese zäh sein könnten. Besser eignen sich daher die neu austreibenden Sprossen. Lassen Sie ihnen genügend Zeit, um sich zu entwickeln (nicht bis zur Blüte) und zermahlen Sie diese zu einem Mehl. Die Chinesen bereiten zum Drachenbootfest in Schilfblätter eingewickelte Reisklößchen zu. Die Samen sind roh und gekocht nährstoffreich.

Nasturtium officinale

Brunnenkresse / Wasserkresse

wächst in großer Fülle • hoher Vitamin-C-Gehalt • kann das ganze Jahr über geerntet werden • scharfer Geschmack

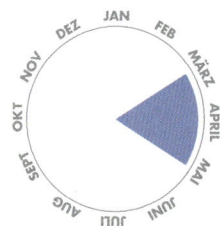

Art

Eine mehrjährige Wasserpflanze, die schwimmend oder kriechend wachsen und Massenbestände bilden kann. Einzelpflanzen können etwa 50 cm Höhe und eine Breite von 1 m und mehr erreichen.

Beschreibung

Das Blatt der Brunnenkresse ist dunkelgrün und fleischig und besteht aus gegenständigen Blattlappen. Die seitlichen Lappen sind breit eiförmig, der Endlappen rund-herzförmig. Die Blätter sitzen auf kantigen, hohlen Stängeln. Die kleinen, weißen Blüten, die von Mai bis September in endständigen Trauben blühen, sind etwa 5 mm breit. Die darauf folgenden Samen reifen zwischen Juli und September.

Vorkommen

Die Brunnenkresse will klare, langsam fließende Gewässer. Sie wächst in und an Quellen, Bächen, Ufern und Wassergräben. Vollschatten verträgt sie nicht, Teilschatten schon, doch bevorzugt wächst sie in sonnigen Lagen. Eine Pflanze der Niederungen, die in ganz Europa heimisch ist.

Sammelzeit

Diese Pflanze wächst in solcher Fülle, dass man ihre auch im Herbst grünen Blätter während der gesamten Vegetationsphase (März – September) ernten kann, wobei die jungen Blätter nicht so schmackhaft sind wie die älteren. Die Hauptsaison ist wohl der Frühling (März – Mai) – optimal für einen köstlichen Frühjahrskur-Salat.

Geschmack

Die Blätter der Brunnenkresse schmecken würzig scharf und leicht bitter. Die reifen Samen können im Herbst gesammelt und zermahlen zu scharfem Senf verarbeitet werden.

Verwendung

Obwohl die Blätter der Brunnenkresse roh genießbar sind, ist es wahrscheinlich besser die gesam-

Die Schärfe der Brunnenkresse macht sie zu einer interessanten Zugabe eher traditioneller Salatzutaten.

melten Blätter zu kochen, es sei denn, sie stammen aus einem schnell fließenden Gewässer (siehe unten). Wenn Sie Ihrem Salat mehr Pfiff verleihen wollen, ist die pfefferig-scharfe Note der Brunnenkresse genau das Richtige. Die Blätter sind so lecker, dass man daraus auch eine köstlich opulente Suppe zaubern kann. Zuerst eine gute Brühe aufkochen, dann die Brunnenkresse und einige gröbere Zutaten zugeben, etwa Kartoffeln oder anderes Wurzelgemüse, ganz nach Belieben.

Rezeptidee
Brunnenkresse-Suppe (siehe Seite 221)

Achtung
Da die Brunnenkresse anfällig für den Befall durch Leberegel ist, sollten Sie niemals rohe Blätter verzehren, die aus möglicherweise mit Tierkot verseuchten Gewässern stammen. Durch Abkochen wird dieser Parasit abgetötet.

An der Brunnenkresse kann man den für Wasser liebende Pflanzen typischen, kraftvollen Wuchs gut erkennen.

Waschen Sie Brunnenkresse immer besonders gründlich, ganz gleich, woher sie stammt, um sie von Schnecken und Insekten zu befreien.

Checkliste

✔ meist in Kreide- oder Kalksteinregionen zu finden

✔ kurze Schoten mit eiförmigen, in zwei Reihen angeordneten Samen

✔ Blätter wechselständig; Blattlappen gegenständig

✔ weiße Blüten in endständigen Trauben angeordnet

✔ verzehren Sie niemals aus stehenden Gewässern stammende Blätter roh!

Uferpflanzen

Smyrnium olusatrum

Gelbdolde / Pferdeeppich

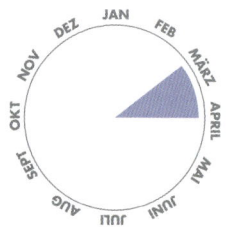

roh oder gekocht verwendbar • weit verbreitet • aufrechte, kahle,
zweijährige Pflanze • dreiteilig angeordnete Blätter

Art

Ein buschiges, aufrechtes Kraut mit soliden Stängeln, das von den Römern vor ca. 2.000 Jahren in Nordeuropa eingeführt wurde und bis vor 200 Jahren sehr bekannt und beliebt war. Es wird 1,2 m hoch und 75 cm breit.

Beschreibung

Die Pfahlwurzel der Gelbdolde ist brüchig und fleischig. Die glänzenden, dunkelgrünen Blätter sind leicht gesägt, sitzen dreigeteilt am Blattstiel und zeigen an der Basis große Blattscheiden. Die oberen Blätter sind gegenständig. Die gelbgrünen Blüten sind in Dolden zusammengefasst und blühen von April bis Juni. Die Samen reifen von Juni bis August.

Vorkommen

Diese Pflanze wächst auf Öd- und Brachland, manchmal an Weg- und Waldrändern. Sie verträgt leichten Schatten und volle Sonne, wächst bevorzugt in Küstenregionen, etwa auf Felsen, und will feuchte Böden ohne Staunässe. Die ursprünglich im Mittelmeerraum beheimatete Pflanze wächst inzwischen in weiten Teilen Europas.

Sammelzeit

Die Stängel sammelt man am besten kurz vor der Blüte, Sie sollten also im März und April besonders aufmerksam sein. Für den Sammler interessant ist außerdem der Winter (November–Februar). Die Blütezeit der Gelbdolde ist der Herbst, eine Zeit, in der die Auswahl im eigenen Garten extrem begrenzt ist und sie eine leckere Salatzugabe darstellt.

Geschmack

Sellerieartiger Geschmack, vielleicht etwas bitterer und stechender. Tatsächlich geriet dieses

Die Blüten der selbstbefruchtenden Pflanze weisen sowohl männliche als auch weibliche Fortpflanzungsorgane auf.

Checkliste

✔ riecht zerstoßen stechend

✔ bis auf die Samen schmecken alle Teile nach Sellerie

✔ reife Früchte sind schwarz

✔ kann auf feuchtem Sand vorkommen

✔ kalte Winter führen zu zarteren Wurzeln

Gelbdolde

Kraut mit der Einführung des Selleries in Vergessenheit. Die Samen sind würzig aromatisch.

Verwendung

Bereiten Sie die Stängel – kurz bevor die Blüten sich öffnen am Grunde abgeschnitten – wie Spargel zu, kurz gegart, mit Butter und Pfeffer verfeinert. Die Blätter und jungen Triebe passen roh zu Salaten oder zu Suppen und Eintöpfen (den Sellerie getrost weglassen, weil sich die Geschmäcker zu sehr ähneln). Auch die Blütenköpfe sind klein gehackt lecker im Salat. Die nicht geernteten Blütenköpfe führen zu würzig-aromatischen Samen, die gemahlen als Pfefferersatz dienen. Die fleischigen Wurzeln (im ersten Vegetationsjahr besonders lecker!) sind eine tolle Suppenzutat und stellen auch eine gute Alternative zu Pastinaken dar.

Die Stängel sind besonders lecker, wenn sie knapp über dem Grund abgeschnitten und sachte gar geköchelt werden.

Symphytum officinale

Gemeiner Beinwell / Wallwurz

dunkelgrüne, haarige Blätter • invasive, mehrjährige Pflanze • weit verbreitet • benötigt konstant feuchte Böden ohne Staunässe

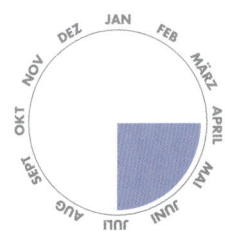

Art

Ein aufrechtes, buschiges, mehrjähriges Kraut mit borstig behaarten Blättern und Stängeln. Erreicht eine Höhe von 50–120 cm und wird etwa halb so breit.

Beschreibung

Beinwellblätter sind gut erkennbar – breit lanzettförmig, dunkelgrün und auf der Unterseite mit rauen Haaren besetzt. Die wechselständigen Stängelblätter sind 15–30 cm lang. Die nickenden Trauben aus glockenförmigen Blüten können gelblich-weiß, rosa oder purpurfarben sein und blühen ab dem Vollfrühling bis zum Frühherbst (Mai–Oktober).

Verwechslungsgefahr

Außerhalb der Blütezeit kann man den Beinwell mit Pflanzen aus der Gattung der Fingerhüte *(Digitalis spp.)* verwechseln.

Vorkommen

Dieses mehrjährige Kraut ist eine Sonne liebende Pflanze, die aber auch mäßigen Schatten verträgt. Sie wächst an feuchten Weg- und lichten Waldrändern. Da sie keine Trockenperioden verträgt, sind Ufer und Gräben ideale Standorte. Unter den richtigen Bedingungen kann der Beinwell Massenbestände bilden, wobei er sich hauptsächlich durch Selbstaussaat vermehrt. Heute ist die Pflanze in ganz Europa verbreitet.

Sammelzeit

Der Verzehr alter Beinwellblätter ist gesundheitlich bedenklich (siehe Achtung), daher sollte man ausschließlich die im Frühling und Frühsommer neu austreibenden Blätter und Stängel verwenden (April/Juni/Juli).

Geschmack

Der Geschmack des Beinwells ist nicht jedermanns Sache. Viele lassen sich dabei von der haarigen und schleimigen Beschaffenheit abschrecken. Ältere Blätter schmecken bitter.

Die etwas klebrigen Blätter des Beinwells sind nicht jedermanns Sache.

Verwendung

Eine seit Jahrhunderten bekannte Heilpflanze, deren lateinische Bezeichnung „Symphytum" so viel wie „zusammenwachsen" bedeutet; im Mittelalter wurde sie tatsächlich zur Behandlung von Knochenbrüchen verwendet, daher auch die Namen Wundallheil und Schadheilwurzel. Heute werden Beinwellblätter eher in Salaten verwendet (wegen der rauen Haare sehr fein gehackt) oder leicht gekocht und wie Spinat zubereitet. Junge Beinwelltriebe dienen als Spargelersatz und werden am besten blanchiert. Die gesäuberten, geschälten und gehackten Wurzeln können als Suppenzutat verwendet werden oder geröstet und gemahlen als Kaffeeersatz dienen.

Rezeptidee

Ausgebackene Beinwellblätter (siehe Seite 222)

Achtung

Im Beinwell sind geringe Mengen eines toxischen Alkaloids enthalten, er sollte daher von Menschen mit gestörter Leberfunktion gemieden werden. In den jungen Blättern ist die Konzentration äußerst gering, in den Trieben und Wurzeln dafür umso höher.

Checkliste

✔ wächst gern auf schweren Böden (Lehm)

✔ auf die Blüten folgen bräunlich-schwarze, etwa 4 mm lange Früchte

✔ aus kleinsten Wurzelresten im Boden können neue Pflanzen austreiben

✔ in die Tiefe treibende, zähe Pfahlwurzel

✔ neue Blätter und junge Stängel verwenden

Die Blütezeit der in Trauben stehenden, glockenförmigen Blüten ist lang. Ihre typischen Farben sind rosa, malve oder creme-weiß.

Typha latifolia

Breitblättriger Rohrkolben

kraftvolle, mehrjährige Uferpflanze • vielseitige Speisepflanze • weit verbreitet • wächst in stehenden Gewässern oder auf nassen Böden

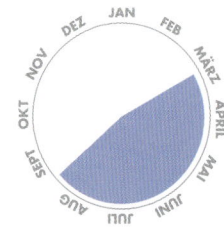

Uferpflanzen

Art

Eine grasartige Rhizompflanze mit langen, einfachen, schwertförmigen Blättern und einem dunkelbraunen, kolbenförmigen Blütenstand, der auf einem robusten, bis zu 3 m hohen Stängel sitzt. Sie breitet sich unbegrenzt aus.

Beschreibung

Die grau-grünen Blätter sind 1–3 m lang und treiben zu 12–16 Stück steil aufrecht aus der Basis. Der robuste, aufrechte Stängel ist meist so hoch, dass der aus einer Ansammlung winziger Blüten bestehende Kolben weit über den Blättern herausragt. Die Blütezeit erstreckt sich vom Vollfrühling bis zum Sommer (Mai/Juni–August).

Vorkommen

Diese Wasserpflanze will nasse Füße in nährstoffreichen, konstant nassen Böden oder stillen, flachen Gewässern. Wahrscheinliche Fundorte sind Bewässerungskanäle, Gräben, Flussmündungen, Sümpfe und die Röhrichtzonen (Randbereiche) von Seen und Teichen. Der Rohrkolben mag keinen Schatten, will volle Sonne und verträgt leichtes Brackwasser. Eine anpassungsfähige Pflanze, die sich nahezu weltweit etabliert hat.

Die Samen des Rohrkolbens entfalten geröstet ein angenehmes Nussaroma.

Sammelzeit

Sie können das 60 cm lange oder noch längere Rhizom ab dem Spätherbst bis zum Vorfrühling ernten. Zu dieser Zeit ist es am stärkehaltigsten (bis zu 40 Prozent mehr). Sammeln Sie die frischen, jungen Triebe im Vorfrühling (März–April) und die Blütenkolben, wenn sie reif und voller Pollen sind (um August–September).

Geschmack

Diese wundervolle Pflanze bringt eine ganze Reihe verlockender Geschmäcker hervor. Die jungen Sprossen schmecken gurkenartig, der unreife Kolben erinnert an Zuckermais. Auch die Samen sind essbar und entfalten geröstet ein feines Nussaroma.

Verwendung

Das Herzstück des stärkehaltigen Rhizoms lässt sich wie Kartoffeln zubereiten oder gemahlen unter Weizenmehl mischen oder aber zu einem Sirup einkochen. Die jungen, etwa 50 cm langen Frühlingstriebe können roh oder wie Gemüse gekocht bzw. in Suppen verwertet werden. Der unreife Blütenkolben gilt ebenfalls als leckeres Suppengrün; der proteinreiche Pollen der reifen Kolben kann unter Mehl gemischt werden und passt gut zu Pfannkuchenteig. Auch die Samen können frisch oder geröstet und gemahlen verwendet werden – sie sind allerdings so klein, dass man sich vorher überlegen sollte, ob sie die Mühe wert sind.

Checkliste

✔ **Wassertiefe darf nicht mehr als 75 cm betragen**

✔ **riemenartige, bandförmige Blätter**

✔ **die braunen Blüten sind voller goldgelber Pollen**

✔ **Blätter sind parallel geadert**

Die stillen Röhrichtzonen großer Gewässer stellen für diese kraftvolle Pflanze den perfekten Standort dar.

Breitblättriger Rohrkolben

GRASLANDPFLANZEN

Um zum Lebensraum „Grasland" zu gelangen, der eine Vielzahl essbaren Grünzeugs liefern kann, muss man nicht unbedingt weit reisen. Pflanzen sind anpassungsfähig und so kann es sehr gut sein, dass es sich lohnt, nahe gelegene Bauplätze, Hecken, Wälder und verwilderte Gärten auf ihr kulinarisches Potenzial hin zu untersuchen. Und wenn Sie direkten Zugang zu solchen, zum Sammeln idealen, Landstrichen wie Auen, Feldern, Weiden und Sümpfen haben, dann umso besser. Wo Land bewirtschaftet wird, sollten Sie an den Feldrändern nachsehen und auf allen Streifen und Ecken, wo das Gelände zu unwegsam für Traktoren ist und es der Natur gestattet wird, sich frei zu entfalten.

Aegopodium podagraria

Giersch / Geißfuß

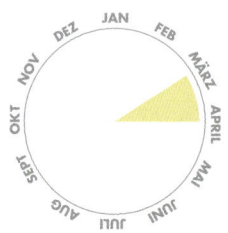

kraftvolles, invasives, mehrjähriges Gras • junger Wuchs schmeckt
am besten • gedeiht an schattigen Orten

Art
Dieses invasive Kraut erreicht selten mehr als
1 m Höhe, breitet sich durch ein Netzwerk aus
schmalen Rhizomen aus und bildet so flächendeckende Bestände. Wie viele Gärtner nicht
ohne Verzweiflung wissen, ist der Giersch quasi
nicht bekämpfbar.

Beschreibung
Die glänzenden, mittel- bis dunkelgrünen Blätter sind 10–20 cm lang, einfach bis doppelt
dreizählig, mit je drei eiförmigen Einzelblättern,
deren Ränder unregelmäßig gezahnt sind. Die
aus weißen Blüten zusammengesetzten Dolden
sitzen auf hohlen Stängeln, die zwischen Mai
und August etwa 60 cm hoch werden.

Vorkommen
Der Giersch ist eine anpassungsfähige Pflanze
und kann aus einer Vielzahl verschiedener
Lebensräume seinen Nutzen ziehen. Dazu
gehören Grasland, Waldränder, Auwälder,
Öd- und Brachland, Hecken und verwilderte
Gärten. Er wächst sowohl in vollem bis lichtem Schatten als auch in vollsonnigen Lagen,
verträgt allerdings keine längeren Trockenperioden. Es heißt, die Römer hätten ihn als Spei-
se- und Heilpflanze in die nördlicheren Gefilde

eingeführt und er habe sich als Klostergärten-
flüchtling in ganz Europa ausgebreitet.

Sammelzeit
Die Blätter und Stängel schmecken am besten,
wenn man sie im Frühling, noch bevor sich
die Blüten bilden, sammelt. Versuchen Sie, die
Sprossen zu pflücken, wenn sie nicht länger als
15 cm sind (März–April).

Die stark aromatischen Blätter sind
dreiteilig angeordnet und werden am
besten ganz jung gepflückt.

Checkliste

✔ gefurchte, hohle Stängel

✔ aufrechter Wuchs

✔ äußere Blütenblätter größer als innere

✔ bevorzugt insbesondere Brachland

✔ Stängel selten höher als 1 m

✔ Blattadern fühlen sich rau an

Geschmack

Der würzige, strenge Geschmack des Gierschs wird als petersilien- oder möhrenähnlich beschrieben und ist nicht jedermanns Sache. In Skandinavien und Russland ist er als Gemüse immer noch sehr beliebt.

Verwendung

Die jungen Blätter und Stängel können roh im Salat verzehrt oder zu Suppen hinzugefügt werden, denen sie eine ungewöhnliche Würze verleihen. Man kann sie auch wie Spinat zubereiten – unter ständigem Rühren in ein wenig Wasser und mit Butter dünsten, bis sie zart sind. Nach Geschmack würzen und am Ende gegebenenfalls noch etwas Butter dazugeben.

Der im Mittelalter sowohl als Speise- als auch als Heilpflanze bekannte Giersch gilt heutzutage als invasives Unkraut.

Agaricus campestris

Wiesenchampignon / Feldegerling

essbarer Wiesenpilz • Hut ist anfangs stark gewölbt •
kurzer Stiel • tritt nach Regen in großer Zahl auf

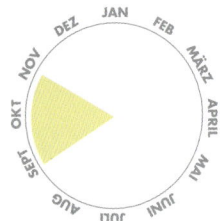

Art

Ein kurzstieliger, weißer Pilz, eng verwandt mit
dem Zuchtchampignon *(Agaricus bisporus)*. Der
Hut ist im Durchmesser 2,5–11 cm groß. Der
Stiel ist 2,5–6 cm lang, bis zu 2,5 cm dick und
an der Basis schmaler.

Beschreibung

Der Hut ist anfangs stark gewölbt, dann flach,
und variiert von weiß, glatt und glänzend (bei
jungen) zu braun, faserig und schuppig (bei
reifen Exemplaren). Die Lamellen sind zunächst
rosa, färben sich mit der Zeit dunkelbraun. Der
Stiel zeigt meist einen einfachen, weißen Ring.
Das weiche Hutfleisch ist weiß und verfärbt sich
an Schnittstellen nicht; der Stiel verfärbt sich an
Schnittstellen leicht rosa.

Verwechslungsgefahr

Dieser beliebte Speisepilz kann mit dem Kar-
bolchampignon *(Agaricus xanthodermus)* verwechselt werden, einem Giftpilz, der Übelkeit
und Durchfall verursacht, jedoch nicht tödlich
ist. Pflückt man diese Spezies, fällt als erstes ein
unangenehm tintiger Karbolgeruch auf. Der Hut
ist zudem flacher als der des Wiesenchampignons, der Hutring größer und die Stielbasis färbt
sich an Schnittstellen gelb.

Vorkommen

Dieser in Europa häufige Pilz bevorzugt Grasland, Wiesen, Felder, Rasen und Viehweiden.
Besonders vielversprechend ist es, sich einen
Tag nach einem Regenguss auf die Suche zu
begeben, vor allem, wenn man die Bemühungen
auf Pferde- und Kuhweiden konzentriert. Obwohl
der Wiesenchampignon meist auf offenem
Gelände wächst, kann er auch unter Waldbäu-
men erscheinen.

Die Lamellen an der Hutunterseite eines
jungen Wiesenchampignons sind rosa.

Sammelzeit

Dieser Pilz tritt hauptsächlich im Herbst (September – November) auf, doch auch im Frühsommer kann eine Suche lohnend sein. Vieles hängt vom Niederschlag ab, halten Sie ab Sommeranfang die Augen offen.

Geschmack

Dieser Pilz ist sehr bekannt und wird viel gesammelt. Er hat einen angenehmen Geruch und Geschmack. Dieser ist intensiver als bei der Zuchtform.

Verwendung

Sind die Exemplare frei von Befraß, können Wiesenchampignons roh und in Salaten verzehrt werden. Man braucht sie nicht zu schälen, es reicht aus, sie mit einem Tuch sauber zu wischen. Schneiden Sie die Stielbasis ab. Für den vollsten Geschmack den Pilz in grobe Scheiben schneiden und nach Belieben gewürzt in Butter frittieren. Allerdings nur kurz und auf großer Flamme, da sonst zu viel Wasser freigesetzt und die Konsistenz gummiartig wird.

Rezeptidee

Wildpilze im Reisring (siehe Seite 224)

Achtung

Färbt sich der Hut an Druckstellen rot, sollten Sie ihn schleunigst wegwerfen – wahrscheinlich haben Sie irrtümlich einen ähnlichen Giftpilz gepflückt.

Diese Pilzspezies kann ein oder zwei Tage nach einem Regenguss in großer Zahl auftreten.

Checkliste

- ✔ alte Pilze können von Maden befallen sein
- ✔ geselliger Pilz, der manchmal „Hexenringe" bildet
- ✔ der Stielring überdauert meist nicht bis zur Reife
- ✔ bei jungen Pilzen zeigen die Lamellen einen weißen Schleier

Wiesenchampignon

Cichorium intybus

Wegwarte / Zichorie

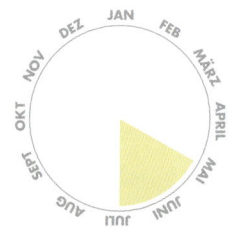

zähe, mehrjährige Pflanze • attraktive, gänseblumenartige Blüten •
roh oder gekocht verzehrbar • weißer, milchiger Saft

Graslandpflanzen

Art

Eine mehrjährige, krautige Pflanze mit kräftigen, aufrechten Stängeln und einer sehr langen
Pfahlwurzel. Sie wird 50–150 m hoch und
30–50 cm breit.

Beschreibung

Das auffälligste Merkmal sind die blass-blauen,
gänseblumenartigen Blüten, die sich täglich
öffnen und schließen und lediglich bei kühlem
Wetter geöffnet bleiben. Die Blütezeit liegt zwischen Juli und Oktober. Die grundständigen,
spiralförmig angeordneten Blätter ähneln denen
des Löwenzahns. Die sparrig verzweigten Stängel können kahl oder behaart sein. Die Pflanze
treibt aus einer langen, robusten Pfahlwurzel.

Vorkommen

Die Verbreitung dieser Pflanze auf Feldern und
Wiesen reicht vom Norden Skandinaviens bis
zur südlichsten Spitze Afrikas. In vielen Ländern
ist sie ein Begleiter der Reisenden, da sie zu
den Pflanzen zählt, deren Wurzeln robust genug
sind, um den meist sehr kompakten Boden an
Weg- und Straßenrändern zu durchbrechen. Sie
wächst auf mäßig trockenen Böden in vollsonnigen Lagen.

Die selbstbefruchtende Pflanze wird
hauptsächlich durch Bienen bestäubt
und lockt Wildtiere an.

Sammelzeit

Sammeln Sie Wegwartenblätter im Vollfrühling
und Frühsommer (Mai – Juni) noch bevor die
Blüten sich entfalten, da sie dann besser schmecken. Auch die Blüten sind essbar und können
jederzeit zwischen Juli und Oktober gepflückt
werden.

Geschmack

Die Blätter und Blüten der Wegwarte schmecken angenehm und etwas bitter. Der bittere
Geschmack der Blätter nimmt während der Blütezeit weiter zu. Durch Rösten der Pfahlwurzel
wird ihre Bitterkeit von einem Karamellaroma
überlagert.

Verwendung

Wegwartenblätter sind roh oder gekocht verzehrbar, doch als Rohkost eignet sich nur das
frische, nicht so bittere Grün des Frühsommers.
Ältere Blätter sollten unter mehrfachem Wasser-
wechsel gekocht werden. Die wunderschöne,
himmelblaue Farbe der essbaren Blüten macht
sich im Salat großartig. Die Wurzel der Wegwarte hat wohl die größte Anhängerschaft und
kann wie jedes andere Wurzelgemüse zubereitet
werden, wie Pastinaken geröstet oder gekocht
oder als Würzmittel für Suppen und Saucen.
Einjährige Wurzeln schmecken mild; zweijährige und ältere Wurzeln können durchaus bitter
schmecken. Geröstet und gemahlen dienen sie
auch als koffeinfreier Kaffeeersatz.

Rezeptidee

Birnen-Wegwarten-Bruschetta mit Gorgonzola
(siehe Seite 226)

Im Winter gepflückte Blätter schmecken
meist milder und sind blanchiert besonders
lecker.

Checkliste

✔ offene, sonnige Standorte

✔ Samen reifen zwischen August
und Oktober

✔ will feuchte, gut drainierte Böden

✔ Stängel tragen nur wenige Blätter

✔ Blütenköpfe sind bis zu 4,5 cm groß

Filipendula ulmaria

Echtes Mädesüß / Wiesenkönigin

heilige Pflanze der keltischen Druiden • aufrechtes, mehrjähriges Kraut • aromatisiert Speisen und Alkohol • süß duftend

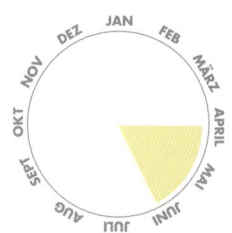

Art

Eine aufrechte, krautförmige, mehrjährige Pflanze von 1–1,8 m Höhe und etwa 30–90 cm Breite.

Beschreibung

Die Blätter sind oberseitig dunkelgrün und auf der Unterseite silbrig und mit feinen Härchen besetzt. Sie sind paarweise in Fiederblätter variabler Größe unterteilt, bis zu 7 cm lang und haben gesägte Ränder. Die aufrechten Stängel des Mädesüß sind hohl, gefurcht und rötlich überlaufen. Die creme- bis gelblich-weißen Blüten duften süß und blühen von Juni bis September in dichten Rispen (ästige Trugdolden).

Vorkommen

Diese Pflanze verträgt keine Trockenheit, Sie sollten also auf konstant feuchten Wiesen nach ihr suchen, an Ufern, in Mooren, Auwäldern und Sumpfgebieten. Sie verträgt verschiedene Bodentypen, von neutral bis alkalisch und sowohl schwere Lehm- als auch lockere Sandböden. Bei gesicherter Wasserzufuhr ist ihr sowohl lichter Schatten als auch volle Sonne recht. Sie kommt in großen Teilen Europas vor.

Sammelzeit

Die Blätter (insbesondere die jungen) und die Blüten sind die begehrtesten Pflanzenteile des Mädesüß. Das Höchstmaß an frischem Blattwuchs ist im Frühling und Frühsommer vorzufinden. Von Juni bis September folgt dann die Erntezeit der Blüten.

Geschmack

Die Blüten des Mädesüß strömen einen süßen, schweren Mandelduft aus, der von manch einem als betörend empfunden wird, aber auch Übelkeit hervorrufen kann. Auch die Blätter sind süß, doch diese haben ein ganz anderes, eigenes Aroma.

Die Blätter des Mädesüß setzen sich aus 2–5 Paaren Blattfiedern zusammen, deren Größe stark variiert.

Verwendung

Alle Teile des Mädesüß sind des Sammlers Aufmerksamkeit wert. Die frischen, neuen Blätter, Blütenköpfe und Wurzeln dienen allesamt als aromtischer Teeaufguss, während die jungen Blätter allein eine schmackhafte Anreicherung für Suppen und Saucen ergeben. Die getrockneten Blätter dienen als Süß- und Aromastoff. Die Blütenköpfe können säuerlich schmeckende Früchte, wie etwa Stachelbeeren oder Rhabarber, süßen – dabei reichen 8–9 Blüten je 1 kg Obst. Die Blütenköpfe wurden früher traditionell zu alkoholischen Getränken, insbesondere zu Met, hinzugefügt. Der Name Mädesüß könnte einst tatsächlich „Metsüße" geheißen haben und weist also nicht, wie man vermuten könnte, auf ein „süßes Mädel" hin.

Die Blüten können zum Aromatisieren von Bier und Wein verwendet werden.

Echtes Mädesüß

Checkliste

✔ **aromatische Blätter riechen zerrieben etwas herb**

✔ **Samen reifen im September und Oktober**

✔ **Blüten sitzen auf aufrechten, die Blätter überragenden Stängeln**

✔ **kommt nicht auf sauren Torfböden vor**

✔ **lockt Wildtiere an**

Langermannia gigantea (syn. Calvatia gigantea)

Riesenbovist/ Riesenstäubling

eine der schmackhaftesten Pilzarten • kein sichtbarer Stiel • Sporen inliegend • wächst einzeln oder gesellig

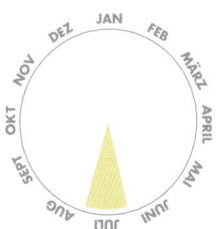

Graslandpflanzen

Art

Dies ist ein potenziell riesenhafter, beinahe kugelförmiger Pilz von außergewöhnlich feinem Geschmack. Er zeigt keinen sichtbaren Stiel und scheint wie magisch dem Erdboden entsprungen zu sein. Es soll schon ausgewachsene Exemplare mit einem Gewicht von 25 kg gegeben haben, die einen Durchmesser von 1,5 m hatten und 25 cm hoch waren.

Beschreibung

Die typischen Kennzeichen dieses Pilzes sind Form und Größe, obwohl die kleinen, unreifen Exemplare besser schmecken. Die Form ist vielgestaltig – manchmal rund wie ein Fußball, andere Male unregelmäßiger. Am wahrscheinlichsten zu finden sind 10–30 cm große Exemplare mit einer weißen, lederartigen, glatten Außenhaut. Auch das Fruchtfleisch des Riesenbovists ist weiß – ist er gelb bis dunkelbraun und zeigt winzige Luftlöcher, so eignet er sich nicht mehr zum Verzehr. Je weißer und fester das Fleisch, desto besser der Geschmack.

Vorkommen

Der Riesenbovist kommt auf Grasland, Feldern, Auen, Weiden, Gärten und Wäldern ganz Europas vor. Er bevorzugt reiche, humose Böden.

Sammelzeit

Für einen so großen Pilz entwickelt er sich erstaunlich rasch – der Fruchtkörper kann sich innerhalb von zwei Wochen ausbilden, um dann zu verrotten, da er so die Reife erreicht und seine Sporen freigesetzt hat. Die Hauptsaison des Riesenbovists ist der Hochsommer (Juli), obwohl er jederzeit zwischen Vollfrühling und Frühherbst (Mai – September) auftreten kann.

Häufig in Gesellschaft mit Nesseln auf Grasland vorkommend, stellt der Riesenbovist einen spektakulären Fund dar.

Checkliste

✔ keine externen Lamellen und auch der Stiel ist nicht sichtbar

✔ gedeiht auf Blattmulch in Laubwäldern

✔ am Straßenrand wachsende Exemplare wegen der Schadstoffbelastung meiden

✔ kann innerhalb von nur einer Woche die volle Größe erreichen

✔ je fester und weißer das Fruchtfleisch, desto besser der Geschmack

Geschmack

Manche meinen, das Fleisch erinnere an Tofu, doch die meisten stimmen darin überein, dass junge Exemplare einen intensiven und exquisit „pilzigen" Geschmack haben.

Verwendung

Alle Teile des Riesenbovists, auch die Haut, sind genießbar. Obwohl er nicht so stark von Insekten befallen wird wie andere Arten, kann die Außenhaut an einzelnen Stellen angefressen sein. Schütteln Sie unerwünschte Eindringlinge einfach heraus. Beim Riesenbovist kommt es nicht auf die Größe an – kleine Exemplare können ebenso gut in Scheiben geschnitten, paniert und in Butter frittiert werden. So zubereitet passen ein paar Baconscheiben toll. Selbst ein unreifer Riesenbovist kann mehrere Kilos Fruchtfleisch liefern – mehr als bei einer Mahlzeit verspeist werden kann. In einem solchen Fall kann

Die glatte, kugelige Form des einzeln oder gesellig auftretenden Pilzes kann kaum mit etwas anderem verwechselt werden.

man die Scheiben leicht anbraten, um sie dann einzufrieren. Die wundervolle Konsistenz geht dann zwar verloren, doch man muss ihn wenigstens nicht wegwerfen.

Rezeptidee

Geschmorter Riesenbovist nach chinesischer Art (siehe Seite 227)

Lathyrus linifolius (syn. Lathyrus montanus)

Berg-Platterbse

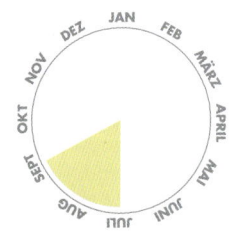

attraktive, rötlich-violette Blüten • Samen stets maßvoll verzehren •
aufrechtes, mehrjähriges Kraut • seit dem Mittelalter als Gemüse
bekannt

Art

Dieses Mitglied der Erbsenfamilie ist eine
büschelige, krautartige, mehrjährige Pflanze.
Sie wird 50–60 cm hoch und etwa 30–60 cm
breit.

Beschreibung

Die wechselständigen Blätter sind von augen-
fälliger, blau-grüner Farbe und setzen sich aus
Paaren fast eiförmiger, etwa 5 cm langer Fieder-
blätter zusammen. Die Blütentrauben blühen vom
Frühling bis zum Frühsommer (April–Juli), sind
rötlich-purpurn und etwa 1,5 cm lang. Auf die
Blüten folgen rötlich-braune, 2,5–4,5 cm lange
Samenhülsen.

Vorkommen

Diese Pflanze wächst auf Bergwiesen, Heiden
und im Flimmerschatten lichter Waldränder. Sie
will sauren, feuchten Boden ohne Staunässe und
verträgt sowohl lockere Sand- als auch schwere
Lehmböden. Die Berg-Platterbse kommt in allen
gemäßigten Zonen Europas vor.

Sammelzeit

Die Samen reifen zwischen Juli und September,
nachdem die Blüten verwelkt sind, und sollten
maßvoll verzehrt werden (siehe Achtung).

Die Wurzel kann jederzeit geerntet werden,
wobei sich die junger Pflanzen am besten eignet.

Geschmack

Verarbeitet nimmt die Wurzelknolle ein likörarti-
ges Aroma an. Der Geschmack der Samen erinnert an Maronen (siehe Seiten 30–31).

Im Frühling noch purpurrot, verblassen
die Blüten der Berg-Platterbse während
des Sommers zu einem Blau.

Verwendung

Seit dem Mittelalter werden die essbaren Knollen der Berg-Platterbse getrocknet und anschließend zum Würzen von Speisen und Getränken verwendet (in Schottland auch für Whisky). Ein gesundes Tonikum sollte damals das stechende Hungergefühl lindern. Der Samen wird gekocht und kann als Gemüse, wie Maronen, zubereitet werden.

Rezeptidee

Scharfer Platterbsen-Salat mit Hühnerstreifen (siehe Seite 228)

Achtung

In großen Mengen verzehrt – wenn sie schätzungsweise 30 Prozent der Nahrung ausmachen – können die Samen der Berg-Platterbse zu einer ernsten, als Lathyrismus bekannten, Krankheit führen, die das Nervensystem angreift. Maßvoll verzehrt stellen die Samen hingegen kein gesundheitliches Risiko dar.

Checkliste

- ✔ kalk meidende Platterbsenart
- ✔ Blüten besitzen männliche und weibliche Organe
- ✔ aufrechte Stängel
- ✔ auf gesunden Böden in großen Gruppen zu finden

Sie finden die Berg-Platterbse im Grasland, auf gemischten Weiden und in offenen Wäldern.

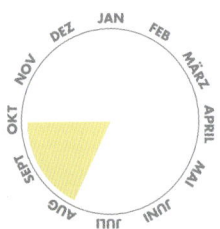

Graslandpflanzen

Lepiota procera

Parasolpilz / Riesenschirmling

weißes Fleisch, das sich nicht verfärbt • mit dem Wachstum bilden sich braune Schuppen • auffälliger Stielring • wächst einzeln oder gesellig

Art

Dieser gepriesene Speisepilz hat anfangs einen ausgeprägt eiförmigen Hut, der mit der Zeit flacher wird, wobei in der Mitte immer ein kleiner Buckel zurückbleibt. Der Hut erreicht einen Durchmesser von 10–25 cm. Der 15–30 cm hohe, zylindrische Stiel kann an der Basis bis zu 2,5 cm dick sein.

Beschreibung

Die Außenhaut des Parasols ist braun. Während er wächst und breiter wird, bricht sie auf und

Der exzellente Geschmack dieses Wiesenpilzes macht ihn zu einem Favoriten unter den Wild-Food-Sammlern.

lässt ihn so schuppig aussehen. Das zwischen den Schuppen sichtbare Fleisch ist anfangs weiß und später dunkler. Die braune Färbung bleibt beim Buckel intakt. Der Stiel ist wie der Hut gefärbt – braun und zunehmends schuppiger. Das weiße Fleisch ist unveränderlich weiß, auch an Schnitt- und Druckstellen. Die zahlreichen, weißen Lamellen nehmen während des Alterungsprozesses manchmal eine rötliche Tönung an.

Verwechslungsgefahr

Der Parasol ist dem Safranschirmling *(Lepiota rhacodes)* sehr ähnlich. Dieser Pilz zieht schattigere Standorte vor, doch unterscheiden lässt er sich vor allem durch das Fleisch, das sich an Schnittstellen rötlich färbt. Der Safranschirmling kann Magenverstimmungen verursachen und bei Hautkontakt vereinzelt zu allergischen Reaktionen führen.

Vorkommen

Zuweilen ist der in ganz Europa verbreitete Parasolpilz in lichten Wäldern oder an Waldrändern zu finden, meist tritt er aber auf Grasland, Waldlichtungen und auf offenem Gelände an Weg- und Straßenrändern auf.

Sammelzeit

Auf Parasolsuche begibt man sich in den warmen Spätsommermonaten (August–Oktober), idealerweise nach einem Regenguss. Pflücken sollte man ihn am besten dann, wenn der Pilzhut sich gerade zu öffnen beginnt. Das geht zwar auf Kosten der Größe, lohnt sich in geschmacklicher Hinsicht aber allemal.

Geschmack

Das Fruchtfleisch des Parasols ist köstlich süß und nussig und sein Duft frisch und erdig.

Verwendung

Das Hutfleisch ist bei Pilzfans sehr beliebt; der hölzerne Stiel sollte besser entfernt werden. Da die Lamellen nicht am Stiel festsitzen, lassen sie sich einfach abtrennen. Bei nicht allzu großen Exemplaren kann der Hut am Stück gebraten werden, am besten in Teig oder Paniermehl gehüllt, damit das Fleisch nicht zu viel Fett aufnimmt. Ist der Hut noch gewölbt, kann man ihn mit gehacktem Speck und karamellisierten Zwiebeln füllen und im Ofen braun backen. Der Riesenschirmling hält sich im Kühlschrank zwei Tage und lässt sich in Scheiben geschnitten gut trocknen.

Rezeptidee

Parasolpilze im Salatbett (siehe Seite 229)

Checkliste

- ✔ Lamellen nicht am Stiel angewachsen
- ✔ der doppelrandige Ring löst sich vom Stiel und ist leicht verschiebbar
- ✔ Stiel verfärbt sich an Schnitt- und Druckstellen nicht
- ✔ schlanker, zylindrischer Stiel
- ✔ erscheint häufig auf Brachland

Parasolpilz

Dank des bis zu 30 cm langen Stiels ist der Parasol oder Riesenschirmling leicht zu entdecken.

Lepista saeva

Lilastieliger Rötelritterling / Maskenritterling

auffällig gefärbter Stiel • spät im Jahr erhältlich • unregelmäßig geformter Hut • Fruchtkörper erscheinen oft in Hexenringen

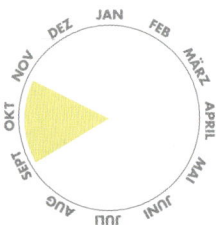

Graslandpflanzen

Art

Ein mittelgroßer, bodenwüchsiger Pilz mit einem meist gewölbten, zuweilen unregelmäßig blattförmigen Hut, 3,5–10 cm hoch. Der Hut ist im Durchmesser 5–12 cm und der Stiel an der manchmal verdickten Basis 1,5–2,5 cm dick.

Beschreibung

Das typische Merkmal des Rötelritterlings ist der auffällige, lila gestreifte Stiel, der kurz und gedrungen ist und keinen Ring aufweist. Der flache oder gar niedergedrückte Hut ist blass- bis mittelbraun, glatt und zeigt gewellte Ränder. Das Fleisch ist weiß und fest. Die weißlichen bis rosafarbenen Lamellen sitzen dicht aneinander gedrängt unter dem Hut.

Verwechslungsgefahr

Im dichten Baumschatten ist ihm der ebenfalls genießbare Violette Rötelritterling *(Lepista nuda)* sehr ähnlich. Unterscheiden lässt sich der Waldpilz durch die violetten Lamellen. Gewarnt sein sollten Sie vor dem giftigen Riesenrötling *(Entoloma sinuatum)*, der rasch zu heftigem Durchfall und Erbrechen führt. Dieser Pilz lässt sich durch den eher weißlichen Stiel und durch die anfangs gelben, später rötlich-ockerfarbenen Lamellen unterscheiden.

Das Hutfleisch ist weiß und fühlt sich fest an. Die Ränder sind anfangs nach innen eingerollt und später wellig.

Checkliste

✔ meist gesellig oder in Ringen auftretend, selten auch einzeln

✔ Lamellen lassen sich leicht vom Fleisch abtrennen

✔ stark aromatischer Duft

✔ festes Fleisch, das sich gut trocknen oder einfrieren lässt

Der Stiel ist an der Basis häufig verdickt, hat keinen Ring und ist auffällig
lila gestreift.

Vorkommen

Weiden und Waldränder in ganz Europa sind
die möglichen Fundorte des Lilastieligen Rötelritterlings. Und wenn das Glück es Ihnen gewährt,
kann er sogar bei Ihnen zu Hause auf dem
Rasen auftauchen. Um ihn zu finden, richten
Sie Ihre Augen auf Brachland und auf offenes
Gelände an Straßen- und Wegrändern.

Sammelzeit

Dies ist ein Herbstpilz (September–November),
der in warmen Jahren mit etwas Glück noch im
Dezember zu finden ist. Es lohnt sich eigentlich
immer, bis zum ersten Bodenfrost Ausschau nach
ihm zu halten.

Geschmack

Dieser Pilz schmeckt und duftet stark aromatisch,
beinahe parfümartig – und wider Erwarten überhaupt nicht pilzig. Manche Leute sagen, er habe
ein angenehmes Nussaroma.

Verwendung

Bei dieser Pilzart wird nichts vergeudet. Den Stiel
abtrennen und fein hacken, mit Zwiebeln um den
Hut herum verteilen, nach Geschmack würzen
und in Speckfett braten. Alternativ kann man ihn
auch dünsten, nur roh sollte er nicht verzehrt werden, da es schon Fälle von Magenverstimmungen gegeben hat. Übrig gebliebene Pilze können
tiefgekühlt oder getrocknet für eine spätere Verwendung aufbewahrt werden.

Rezeptidee

Rötelritterling-Körbe (siehe Seite 230)

Malva sylvestris

Wilde Malve / Käsepappel

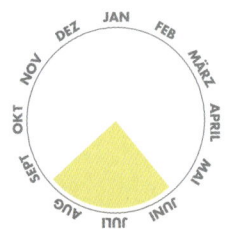

weit verbreitete, mehrjährige Pflanze • ausgedehnte Blütezeit •
roh oder gekocht verzehrbar • altbekannte Speisepflanze

Art

Je nach Region kann die Wilde Malve eine ein-,
zwei- oder mehrjährige Pflanze sein. Sie wurde
bereits im antiken Griechenland und Rom, in
Ägypten und in China verwendet. Sie wird
1,5 m hoch, manchmal höher, und etwa 60 cm
breit.

Beschreibung

Diese Pflanze kann flach liegend oder aufrecht stehend wachsen, ihr Stängel ist zumeist
behaart, sie wächst normalerweise in Gruppen.
Die krausen Blätter sind am Grund beinahe
scheibenförmig und gekerbt und am Stängel
stärker gelappt. Die ausgedehnte Blütezeit der
fünfblättrigen, rosa-purpurnen Blüten erstreckt
sich von Juni bis Oktober.

Vorkommen

Die ursprünglich aus Südeuropa stammende
Wilde Malve ist heute in allen gemäßigten
Zonen des Kontinents beheimatet. Felder, Wald-
randwiesen, Wegränder, Ödland und geschütz-
te Standorte in Küstennähe sind allesamt geeig-
nete Lebensräume. Sie wächst bevorzugt in
voller Sonne, verträgt aber auch leichten Schatten. Um zu gedeihen, benötigt sie feuchte, gut
drainierte Böden.

Sammelzeit

Die Blätter pflückt man vorzugsweise noch
blassfarben im Sommer. Gründlich waschen und
untersuchen, ob Insekten hier ihre Eier abgelegt
haben. Es lohnt sich die unreifen Samen im
August und September des Geschmacks wegen
zu sammeln, doch weil sie so winzig sind, muss
man etwas Geduld an den Tag legen.

Geschmack

Die winzigen, runden Samen schmecken angenehm nussig, während die zwar ebenfalls leckeren Blätter in der Konsistenz eher gelatinös und
klebrig sind.

Die jungen Samen sind roh ein leckerer
Knabbersnack, doch auch die vollreifen
Samen schmecken gut.

Neben der hübschen Farbe verleihen
Malvenblüten einem grünen Salat auch
einen tollen Geschmack.

Checkliste

✔ **Blüten bis zu 5 cm groß**

✔ **Grundblätter im Durchmesser bis zu 10 cm**

✔ **rosa Blüten, lila geadert**

✔ **Blätter bleiben das ganze Jahr über grün**

Verwendung

Die Blätter der Wilden Malve können roh anstelle des gewöhnlichen Kopfsalates verzehrt werden, die milden Blüten setzen farbliche Akzente im Salat. Die Blätter können zum Eindicken von Suppen dienen oder im Fettbad knusprig frittiert werden. Toll zum Knabbern sind die unreifen Samen. Die Blätter können in etwas Wasser gegart und wie Gemüse zubereitet werden, allerdings sind sie von klebriger Konsistenz und daher nicht jedermanns Sache, doch getrocknet ergeben sie einen allseits beliebten Tee.

Graslandpflanzen

Origanum vulgare

Oregano / Wilder Majoran / Echter Dost

aromatisches, mehrjähriges Kraut • aufrecht bis polsterartig • frisch oder getrocknet verwendbar • seit über 2.000 Jahren als Würzmittel bekannt

Art
Die botanischen und gemeinen Namen dieser Pflanze sorgen für Verwirrung – der Oregano ist auch unter dem Namen Wilder Majoran bekannt. Der Oregano ist ein buschiges, horstbildendes, aromatisches, mehrjähriges Kraut, das 75–100 cm hoch wird.

Beschreibung
Die gegenständigen Blätter dieses Krauts sind eiförmig, meist ganzrandig und bis zu 5 cm lang. Die nur 3–4 mm langen, rosa-violetten, röhrenförmigen Lippenblüten erscheinen im Sommer und Herbst in trugdoldigen Rispen (Juli–Oktober).

Vorkommen
Der Oregano mag trockene, sonnige Standorte, da zu viel Feuchte die Wurzeln verrotten lässt. Sie sollten auf Wiesen, Feldern mit durchlässigen, erwärmbaren Böden und im lichten Gehölz nach ihm suchen. In vollsonnigen Lagen wachsende Pflanzen sind besonders aromatisch. Diese im Mittelmeerraum beheimatete Pflanze kommt heute fast in ganz Europa vor.

Die Blätter des Oregano sind deutlich eiförmig, mit dem breiteren Ende an der Basis.

Checkliste

✔ **Samen reifen von September bis Oktober**

✔ **zerriebene Blätter äußerst aromatisch**

✔ **gut drainierte Böden sind maßgebend**

✔ **leicht behaarte Blätter und Stängel**

✔ **Pflanze verzweigt sich an der Spitze zunehmends**

✔ **auffällige, kleine, rosa-violette Blüten**

Sammelzeit

Dieses unersetzliche Kraut sammelt man vorzugsweise während eines langen, heißen Sommers (Juli–August) – die Sonne holt das vollste Aroma aus der Pflanze heraus. Trocknen muss man sie allerdings im Schatten. In weniger sonnigen Regionen sollten die Blätter zu einem ganz bestimmten Zeitpunkt gepflückt werden – und zwar nachdem sich die Knospen ausgebildet, doch bevor sich die Blüten geöffnet haben.

Geschmack

Dieses Kraut steht in der mediterranen Küche im Mittelpunkt. Der scharfe, erdige Geschmack und Duft ergänzt das sonnige Aroma von jungem Wein, Olivenöl, Knoblauch, Paprika und salzigem Hartkäse.

Verwendung

Den meisten ist der Oregano als trockenes Küchenkraut bekannt – er würzt Suppen, Eintöpfe, Geflügel und Fleisch, Salate, Risottos und auf Tomaten basierende Speisen. Doch der robuste Oregano rundet nicht nur diese eher delikat würzigen Speisen ab, sondern vermag es auch im Alleingang mit Knoblauch, Chilis und Zwiebeln zu überzeugen. Die beste Wirkung erzielt man, indem man den Oregano am Ende der Kochzeit hinzufügt oder kurz vor dem Servieren untermischt. Zu viel Hitze lässt die ätherischen Öle verdampfen und beraubt ihn seines Aromas. Die getrockneten Blätter und Blütenstiele lassen sich auch als Tee aufgießen.

Rezeptidee

Fischsuppe mit Wildem Majoran (siehe Seite 231)

Diese Pflanze erntet und trocknet man am besten am Ende der Vegetationszeit im Spätsommer.

Papaver rhoeas

Klatschmohn / Mohnblume

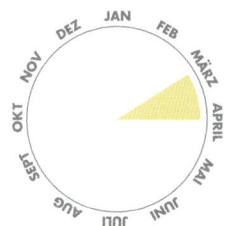

einjähriges Ackerwildkraut • wächst gern auf Brachland •
Samen dienen als Backzutat • große, auffällige Blüten

Art
Diese attraktive, stark behaarte, einjährige Pflanze wird 30–60 cm hoch und etwa 15–30 cm breit.

Beschreibung
Die aufrechten, verzweigten Stängel sind haarig – unten meist violett und zur Spitze hin grün – und wachsen aus einer schlanken Pfahlwurzel, die milchigen Saft enthält. Die wechselständigen Blätter sind einfach bis doppelt gefiedert und etwa 5 cm lang. Zwischen Juni und Oktober entfalten sich bis zu 10 cm große, nickende, scharlachrote Blüten mit einem auffälligen, schwarzen Zentrum. Die Blüte setzt sich aus 4–6 Blütenblättern zusammen.

Vorkommen
Der Lebensraum des Klatschmohns ist verwüstetes Brachland. Er wächst auf frisch gepflügten Äckern, Weiden, an Feld- und Straßenrändern und europaweit in offenen, sonnigen Lagen auf feuchten, gut drainierten Böden.

Sammelzeit
Die Blätter sollten noch vor der Ausbildung der Blütenkapseln gepflückt werden, begrenzen Sie Ihre Suche also auf die Frühlingsmonate März und April (nachsehen, ob die Kapseln bereits vorhanden sind). Die Blüten können während einer langen Phase gepflückt werden (Juni – Oktober). Die grünen Samen reifen ab September und können geerntet werden, sobald sie sich grau oder braun gefärbt haben.

Pflücken Sie die jungen Blätter des Klatschmohns, um sie dann als Rohkostsalat oder wie Spinat zuzubereiten.

Geschmack

Die Samen des Klatschmohns schmecken nussig und viel milder als die im Handel erhältlichen, aus dem Schlafmohn *(Papaver somniferum)* gewonnenen Samen. Aus Letzterem wird auch Opium gewonnen, allerdings ist die narkotische Substanz nicht in den Samen, sondern im Saft enthalten.

Verwendung

Die Blätter des Klatschmohns können roh in Salaten oder gekocht wie Spinat zubereitet werden. Denken Sie allerdings daran, die Blätter rechtzeitig, d. h. noch bevor sich die Blütenkapseln ausgebildet haben, zu pflücken. Aus den roten Blütenblättern wird ein Sirup gewonnen, der als Würzmittel dient und im Mittelmeerraum auch als Getränk bekannt ist. Am geläufigsten in der Küche ist die Verwendung der Samen. Sie dienen als würzige Backzutat für Kuchen und Brote oder mit anderen Kräutern und Gewürzen und mit Olivenöl vermischt als Salatdressing. Aus den Samen wird außerdem ein qualitativ hochwertiges Speiseöl gewonnen. Klatschmohnblüten waren jahrhundertelang Teil der traditionellen Volksmedizin und wurden hauptsächlich zur Behandlung von Husten und zum Lindern von Schmerzen und Nervenleiden eingesetzt, insbesondere bei Kindern und älteren Menschen. Der Klatschmohn macht im Gegensatz zum Schlafmohn nicht süchtig.

Aus dem Samen des Klatschmohns wird ein aromatisches Öl gewonnen, das einen guten Ersatz für Olivenöl darstellt.

Checkliste

✔ dass die Samenköpfe erntereif sind, erkennt man an den kleinen Löchern, die knapp unter dem flachen Hut erscheinen

✔ kahle Samenköpfe

✔ in großer Fülle produzierte, doch winzige Samen

✔ wächst ausschließlich in vollsonnigen Lagen

Polygonum bistorta

Schlangenknöterich / Wiesenknöterich

große Bestände bildende, mehrjährige Pflanze • gute Vitamin-A-Quelle • wächst flächendeckend • lange Ähren aus rosa Blüten

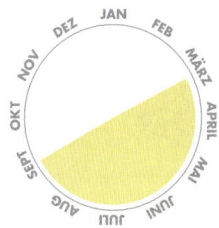

Graslandpflanzen

Art

Eine krautige, mehrjährige Blütenpflanze, die 60–75 cm hoch und etwa 50 cm breit wird.

Beschreibung

Das dicke, bis zu 1 m lange Rhizom ist innen rot, außen schwarz und schlangenförmig um sich selbst gewunden (daher der Name Schlangenknöterich). Die Pflanze bildet zwei Blattarten aus. Die blau-grünen Grundblätter sind breit eiförmig und bis zu 15 cm lang; die oberen Blätter sind länglich-dreieckig und sitzen auf langen Stielen. Die dicht geballten, endständigen Scheinähren aus rosa (manchmal weißen) Blüten erscheinen zwischen Juni und September hoch über dem Blattwerk.

Vorkommen

Schlangenknöterich kommt meist im Berg- und Hügelland vor. Er wächst auf Feuchtwiesen, im nassen Grasland und auf staunassen, morastigen Böden. Er kann zwar auf verschiedenen Bodentypen wachsen, bevorzugt aber saure Böden im Halbschatten oder auf offenem Gelände. Er tritt in Nord- (nicht zu nördlich) und Mitteleuropa und in den höher gelegenen Regionen Südeuropas auf.

Sammelzeit

Für den Sammler hält der Schlangenknöterich eine lange Sammelsaison bereit. Die Blätter können nach einem milden Winter bereits ab dem Vorfrühling (März) bis zum Frühherbst (September) gesammelt werden. Je früher die Blätter gepflückt werden, desto zarter und schmackhafter sind sie (Frühlingsblätter sind am besten). Die Samen sind klein und zwischen August und Oktober erntereif.

Geschmack

Die Blätter sind eine gute Vitamin-A-Quelle. Ältere Blätter können etwas bitter sein, während das jüngere Frühlingsgrün milder und besser schmeckt.

Die jungen Blätter sind weder zäh noch bitter und eignen sich daher nicht nur zum Kochen, sondern auch als Rohkost.

Verwendung

Die Frühlingsblätter können roh im Salat verzehrt werden, obwohl sie für diese Zwecke oftmals für zu zäh befunden werden. Gekocht sind sie ein ausgezeichneter Spinatersatz. In manchen Teilen Britanniens werden die Blätter mit Hafermehl, Eiern und Kräutern zu einem bitteren Pudding namens Easter-Ledger verarbeitet, der vor Ostern in der Fastenzeit gegessen wird. Die Samen können roh oder geröstet zu Salaten oder zum Würzen von Saucen und Dressings verwendet werden. Trotz des hohen Tanningehalts (durch Einweichen in Wasser und anschließendes Rösten neutralisierbar) stellen die Wurzeln ein nährstoffreiches Nahrungsmittel dar. Sie können auch gekocht werden und sind eine tolle Zutat für Schmorgerichte und Suppen.

Rezeptidee

Schlangenknöterich-Kichererbsen-Sabzi
(siehe Seite 232)

Checkliste

- ✔ unverzweigte Stängel
- ✔ Blattunterseite silbrig behaart
- ✔ Blüten können auch weiß sein
- ✔ entspringt aus einem verdrehten, gewundenen Rhizom

Dichte Ähren machen auf diese krautige, mehrjährige Pflanze aufmerksam.

Schlangenknöterich

Prunus domestica

Pflaume

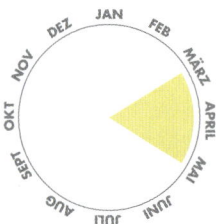

sommergrüner, mittelschnell wachsender Baum • zahlreiche Unterarten • tritt oftmals in der Nähe von Obstgärten auf

Art

Ein sommergrüner, mittelgroßer Baum mit gewölbter oder ausladender Krone, einer Wuchshöhe von 10–12 m und eine Breite von 8–10 m.

Beschreibung

Die Borke der Pflaume ist rötlich-braun, der Stamm ist aufrecht und geteilt. Die einfachen, wechselständigen Blätter sind umgekehrt eiförmig, etwa 5–7 cm lang mit gezahnten Rändern. Zwischen März und Mai erscheinen kleine Trauben aus 2–3 weißen, frostempfindlichen Blüten, die häufig unter Spätfrost leiden. Die Pflaume ist der Kriechenpflaume oder

Die umgekehrt eiförmigen Blätter der Pflaume sind regelmäßig und fein gezahnt und etwa 5–7 cm lang.

Haferschlehe *(Prunus insititia)* sehr ähnlich, doch ihre länglichen Früchte sind schwarz und nicht wie die der Kriechenpflaume rund und von variabler Farbe (gelb, grün, rot, oder violett).

Vorkommen

Dieser kleine Baum kommt meist in Hecken, Waldgebieten oder auf Weiden und Wiesen in der Nähe von Obstgärten vor, von wo er einst Reißaus nahm. Vermutlich asiatischen Ursprungs, ist die Pflaume heute in ganz Europa heimisch.

Sammelzeit

Die Blüten werden im Frühling geerntet, je nach Ort und Wetter zwischen März und Mai. Doch es sind die um August und September reifen, essbaren Früchte, die die größte Anziehungskraft auf uns Menschen ausüben. Dabei muss abgewägt werden, ob man früh zuschlägt oder bis zur Vollreife warten will, dafür aber mit Vögeln und anderen Tieren um die leckeren Früchte konkurrieren muss.

Geschmack

Je nachdem um welche genaue Art es sich handelt, wie viel Sonne während der Reifephase scheint und wann genau die Früchte gesammelt

werden, können die Pflaumen sauer oder zucker-
süß, weich und körnig oder prall und fest sein.

Verwendung

Die Früchte können frisch vom Baum gepflückt
direkt verzehrt oder entsteint und gewürfelt unter
einen erfrischenden Obstsalat gemischt werden.
Aus dem gekochten Fruchtfleisch lassen sich
Marmeladen, Gelees oder Chutneys herstellen.
Im Alleingang oder mit anderen Früchten gedüns-
tet ergeben sie ein erfrischendes Dessert. Mit
Pflaumen lassen sich auch reichhaltige Saucen
für aromatisches Fleisch, wie etwa Reh, kreieren.
Gekocht lassen sie sich gut einfrieren. Die Blüten
können als Tee aufgegossen werden oder Salate
und Sandwichs garnieren.

Rezeptidee

Blätterteigpastete mit Pflaumen und Mandeln
(siehe Seite 233)

Achtung

Die Pflaume gehört zu einer Pflanzenart, die
Blausäure produziert. Dieses potenziell tödliche
Gift ist hauptsächlich in den Blättern und Samen
konzentriert enthalten, was man am bitteren
Geschmack sofort bemerkt. Normalerweise sind
die Mengen so gering, dass kein Gesundheitsrisi-
ko besteht. Trotzdem sollten Sie sehr bittere oder
intensiv riechende Steine meiden.

Checkliste

✔ **fünfblättrige, weiße Blüten**

✔ **in manchen Regionen eine häufige
Heckenpflanze**

✔ **aus dem Stamm lässt sich ein genießbares
Harz abzapfen**

✔ **Steine duften nach Mandeln**

Direkt vom Baum gepflückt sind frische
Pflaumen eine Köstlichkeit.

Pflaume

Rumex acetosa

Großer Sauerampfer / Wiesensauerampfer

unscheinbarer Strauch • weit verbreitet • pfeilförmiges Blatt • ideal für Suppen und Salate • Zitrusaroma

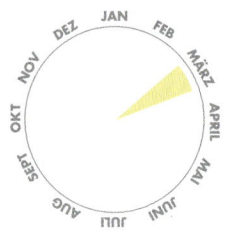

Art
Ein zwei- und mehrjähriger Kleinstrauch, der 10–30 cm hoch wird.

Beschreibung
Der Sauerampfer bildet robuste, blättrige Bestände. Die pfeilförmigen Blätter sind mattgrün, wobei die unteren in den Blattstiel übergehen und dadurch langstielig erscheinen. Die kleinen, roten Blüten sitzen in quirligen Rispen auf aufrechten Stängeln und erscheinen von Mai bis August.

Verwechslungsgefahr
Andere Buchweizen- oder Knöterichgewächse, doch besonders andere Ampfer-arten, deren Blätter breiter, krauser und häufig nach innen gerollt sind, könnten für Verwirrung sorgen.

Vorkommen
Wiesen, Weiden, Straßenränder und Heiden sind allesamt mögliche Standorte. Schattiges, feuchtes Grasland ist ideal, da die Blätter dort größer werden. Eine europaweite Pflanze.

Sammelzeit
Die ersten Blätter können im März geerntet werden, wenn sich anderes Grünzeug erst noch entfalten muss. Ab Mitte August sind kaum noch Blätter zu finden.

Geschmack
Das grüne Blatt schmeckt sauer und überraschend zitronig. Roh verzehrt ist es ausgesprochen scharf und für manche Geschmäcker zu bitter.

Verwendung
Die Stängel, Wurzeln und Samen können heiß aufgegossen werden, doch am beliebtesten sind die Blätter. Die Stiele größerer Blätter entfernen. Wegen des Zitrusgeschmacks sind sie eine exzellente Salatzugabe. Sauerampferblätter sind eine Mischung aus Gewürzkraut und Blattgemüse

Für den intensiven Zitrusgeschmack der Blätter verantwortlich ist die darin enthaltene Oxalsäure.

Sie müssen schon genau hinsehen,
um die Blüten des Sauerampfers zu
entdecken.

und gekocht erinnern sie an Spinat. Sie sind die Hauptzutat der beliebten französischen „Soup aux herbes" und unentbehrlich in der hessischen „Grünen Soße". In der Kräuterküche würzt der Sauerampfer Ragouts und Frikassees oder dient einfach als Garnierung.

Rezeptidee
Sauerampfer-Salat (siehe Seite 234)

Checkliste

✔ **pfeilförmige, grüne Blätter**

✔ **kahler Stängel**

✔ **Blatt läuft auf einem Drittel des Weges mit dem Stängel zusammen**

✔ **kleine, rote Blüten**

✔ **Blattadern stehen im 45°-Winkel zum Stängel**

✔ **zerriebene Blätter lassen eine feine Zitronennote erkennen**

Tanacetum vulgare (syn. Chrysanthemum vulgare)

Rainfarn / Milchkraut

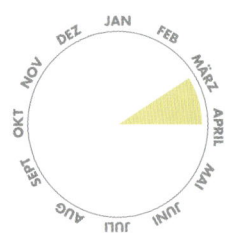

duftende, mehrjährige Pflanze • frostempfindlich • Blütezeit reicht
vom Sommer bis in den Herbst • natürliches Insektenschutzmittel

Graslandpflanzen

Art
Ein mittelgroßes Kraut, das sich durch Ausläufer
oder Selbstaussaat ausbreitet und etwa 1–1,5 m
hoch und 75 cm breit wird.

Beschreibung
Die langen Stängel dieser attraktiven, mehrjährigen Pflanze sind aufrecht und zeigen einen Rotstich. Die wechselständigen Blätter sind doppelt
gefiedert, 10–20 cm lang und haben gesägte
Ränder. Insgesamt sind die Blattwedel länglich und sehen farnartig aus. Die goldgelben,
knopfartigen Blüten blühen zwischen Juli und
Oktober in endständigen Doldenrispen.

Vorkommen
Der Rainfarn wächst gern auf Wiesen, Feldern
und in Hecken, aber auch auf offenem Gras-
und Ödland, an Straßen- und Wegrändern.
Er verträgt mäßig trockene bis feuchte Böden,
muss aber in der prallen Sonne stehen. Eine
weit verbreitete Pflanze, die in allen gemäßigten
Zonen Europas vorkommt. Rainfarn ist ein natürliches Abwehrmittel gegen Insekten und wird
gepflanzt, um Obstfliegen und Motten fernzuhal-
ten und Ameisenbefall vorzubeugen.

Sammelzeit
Rainfarn sollte in Maßen verzehrt werden (siehe
Achtung). Es ist ein traditionell zur Osterzeit ver-
wendetes Kraut (Ende März–April), obgleich
die Blätter in nördlicher gelegenen Regionen
wohl kaum so lange erhältlich sein werden.
Sammeln Sie zu dieser Zeit die neuen, jungen
Blätter. Auch die bis Oktober erhältlichen Blüten
sind des Sammlers Aufmerksamkeit wert.

Geschmack
Der Rainfarn ist Geschmackssache. In früheren
Zeiten eine beliebte Zutat für Eiergerichte und
Milchbrei, entspricht der würzige, stark bittere
Geschmack nicht ganz dem modernen Gaumen.

Die gefiederten Blätter des
Rainfarns sehen farnartig aus.

Verwendung

Junge Rainfarnblätter können in kleinen Mengen in Salaten oder zum Würzen von Milchspeisen anstelle von Muskat verwendet werden. Die Blätter und Blütenstiele können getrocknet und dünn aufgegossen werden. Die Blüten sind eine attraktive Dekoration. Jack Daniels soll seinen Bourbon mit Zucker und einem Rainfarnblatt genossen haben.

Rezeptidee

Rainfarn-Pudding (siehe Seite 225)

Achtung

In der Schwangerschaft darf diese Pflanze auf keinen Fall verzehrt werden, weil sie zu einer Fehlgeburt führen könnte. Rainfarn enthält ein ätherisches Öl mit hohem Thujon-Gehalt (auch im alkoholischen Absinth enthalten), ein Gift, das in größeren Mengen zu Gebärmutterblutungen, Erbrechen und Krämpfen führen kann.

Checkliste

- ✔ Blätter spiralförmig angeordnet
- ✔ bevorzugt offene Standorte
- ✔ der kräftige Hauptstängel verzweigt sich zur Spitze hin
- ✔ Stängel und Blätter sind meist behaart
- ✔ Blätter bestehen meist aus sieben Fiederpaaren, die wiederum selbst gefiedert sind

Der Rainfarn ist eine hochwüchsige, robuste Pflanze, die auch bei starkem Wind wächst.

Rainfarn

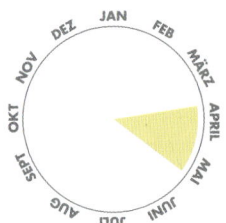

Graslandpflanzen

Taraxacum officinale
Löwenzahn / Kuhblume / Pusteblume

mehrjährige, krautige Pflanze • weit verbreitet • gezahnte Blätter • kulinarisch vielfältig verwendbar • kann in Bier und Wein verarbeitet werden

Art
Der von Gärtnern als widerspenstiges Unkraut angesehene Löwenzahn ist eine mehrjährige, haarige Wiesenpflanze, die 5–40 cm hoch und etwa 30 cm breit wird.

Beschreibung
Aus der tiefen Pfahlwurzel entwickelt sich, wenn ein winziges Stück in der Erde zurückbleibt, eine neue Pflanze. Die grünen, lanzettförmigen Blätter bilden eine grundständige Rosette und sind grob gezähnt. Die 2,5–5 cm großen, knallgelben Blüten sitzen einzeln auf einem langen, hohlen Stängel, der die Blätter überragt und einen milchigen Saft enthält. Auf die Blüte folgen die Früchte, kugelförmig angeordnete, winzige Samen mit Flugschirmen, die durch den Wind verbreitet werden.

Verwechslungsgefahr
Auf das Ferkelkraut *(Hypochoeris)* sei hier hingewiesen, obwohl die Ähnlichkeit nur auf die Blüten zutrifft. Die festen Stängel sind verzweigt und die Blätter haariger und eher gelappt.

Vorkommen
Der Löwenzahn ist am ehesten auf Wiesen, Weiden, Ödland, an Straßenrändern und auch im eigenen Garten auf dem Rasen oder im Gemüsebeet zu finden. Eine europaweite Pflanze, die insbesondere in den gemäßigten Zonen vorkommt.

Sammelzeit
Bis auf die kältesten Monate (Januar/Februar) kann man eigentlich immer auf aus dem Boden lugende Löwenzahnblätter stoßen, wobei das junge Grün am besten schmeckt. Auch die Blütezeit erstreckt sich bis auf die kältesten Wintermonate über das ganze Jahr – wie dem auch sei, der Vollfrühling ist seine produktivste Zeit (April–Mai).

Die unregelmäßig gezahnten Blätter des Löwenzahns bilden eine grundständige Rosette und sind ein leckerer Salat.

Geschmack

Ältere Löwenzahnblätter sind für die meisten Geschmäcker viel zu bitter, daher wählen Sammler meist die milderen, jungen Blätter und Triebe aus. Die Blüten sind ebenfalls bitter und die Wurzel mit der Steckrübe vergleichbar.

Verwendung

Junge Löwenzahnblätter dienen roh als Salat, die älteren können (nach einem Wasserbad über Nacht) als Gemüse oder in Suppen verarbeitet werden. Die Blätter sind sehr nahrhaft, sie enthalten nennenswerte Mengen Eisen, Calcium, Kalium und die Vitamine A und C. Noch verschlossene Blütenknospen passen zu Salaten; die geöffneten Blütenköpfe als Kräutertee, samt der Blätter und Wurzeln. Klein gemahlen kann die geröstete Wurzel der zweijährigen Pflanze als Kaffeeersatz dienen. Blätter und

Wurzel sind als Bierwürze bekannt und die Blütenköpfe kommen bei der Weinherstellung zum Einsatz.

Rezeptidee

Lustiger Löwenzahn-Salat (siehe Seite 235)

Löwenzahn

Vollständig geöffnete Löwenzahnblüten können als Kräutertee aufgegossen werden.

Checkliste

✔ Blüten schließen sich nachts und öffnen sich tagsüber

✔ Winterblätter schmecken weniger bitter

✔ umgebenes Gras stirbt wegen der flach auf dem Boden liegenden, Licht abhaltenden Blätter ab

✔ Wurzel am besten dann sammeln, wenn sie am dicksten ist, im Herbst

✔ Handschuhe tragen, um pieksende Blätter zu pflücken

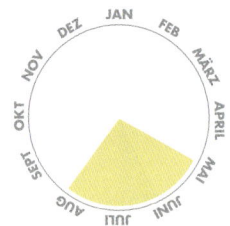

Thymus serpyllum

Wilder Thymian / Feldthymian / Quendel

wohlriechendes Küchenkraut • Teppich bildend • verhältnismäßig große Blüten • milderes Aroma als bei der Kulturform

Graslandpflanzen

Art

Ein niedrigwüchsiger, flächendeckender, immergrüner Strauch, der nur 5–10 cm hoch wird und etwa 30 cm in die Breite wächst.

Beschreibung

Die dunkelgrünen, eiförmigen Blätter – nur bis zu 5 mm lang – sind ganzjährig vorhanden und wachsen in gegenständigen Paaren. Die verholzenden Stängel sind in der Küche als praktischer Kräuterzweig einsetzbar. Die, im Verhältnis zur restlichen Pflanze, recht großen Blüten blühen von Mai bis August.

Vorkommen

Kalk liebend und lockere Sandböden bevorzugend, kann der Wilde Thymian zuweilen in großen Beständen auf Gras- und Heideland zu finden sein. Er meidet staunasse Böden und übersteht auch Trockenphasen. Um das volle Aroma zu entfalten, bedarf er voller Sonne. Er ist heute in den meisten Teilen Ost-, Mittel- und Südeuropas heimisch.

Sammelzeit

Die Blätter des Wilden Thymians sind das ganze Jahr über erhältlich und daher ein außerordent-

Die rosa-violetten Blütenköpfe sind ein Blickfang, der es der Pflanze ermöglicht, auf sich aufmerksam zu machen.

Checkliste

- ✔ breitet sich durch holzige Wurzelausläufer aus
- ✔ während der Blütezeit am einfachsten unter anderen Pflanzen auszumachen
- ✔ zerriebene Blätter sind sehr aromatisch
- ✔ Blütenstiele bis zu 10 cm lang
- ✔ bildet gelegentlich hügelförmige Polster

Der Wilde Thymian blüht während einer
ausgedehnten Blütezeit vom Vollfrühling
bis zum Spätsommer in großer Fülle.

lich nützliches Würzkraut. In den Genuss der
wundervoll aromatischen Blüten kommt man von
Mai bis August, der Hauptzeit zum Blütensam-
meln.

Geschmack

Wilder Thymian ist geschmacklich nicht so intensiv wie die Kulturform *(Thymus vulgaris)*. Der
Geschmack ist subtiler und erdiger, er erinnert
an sonnige Tage und das Summen und Brummen
von Insekten – selbst bei tristem Miesepeterwetter.

Verwendung

Wilder Thymian darf verschwenderisch verwendet werden, denn er verleiht nicht denselben
„Kick" wie die Kulturform. Die Blätter und Blüten
würzen eine ganze Reihe verschiedenster Speisen – von Omeletts und Rühreiern über Suppen
und Saucen zu Schmorgerichten und Braten.
Roh sind sie lecker im Salat und getrocknet
ergeben sie einen tollen Teeaufguss. Sollen die
Thymianblätter für eine spätere Verwendung
aufbewahrt werden, müssen sie vor der Blüte
gepflückt werden, weil sie dann am intensivs-
ten schmecken.

Rezeptidee

Thymian-Risotto (siehe Seite 236)

STRASSENRANDPFLANZEN

Die Grünstreifen, die sich entlang unseres ausgedehnten Netzwerkes aus Straßen und Gleisen erstrecken, schaffen einen einzigartigen Lebensraum für eine Pflanzenvielfalt, die viel Essbares für uns bereithält. Bäume, Sträucher, ein-, zwei- und mehrjährige Pflanzen finden hier allesamt eine Nische zum Gedeihen, häufig im Blickfeld der Reisenden, doch auf dem Boden, der meist ungestört bleibt. Und es sind nicht nur Wildpflanzen, die sich diesen Lebensraum zu eigen gemacht haben – während des Ausbaus der Transportwege, der zur Ausbreitung der Habitate entlang dieser geführt hat, haben viele Kulturpflanzen Reißaus genommen, um Kolonien und Außenposten auf dem umliegenden Land zu bilden.

Armoracia rusticana

Meerrettich / Kren

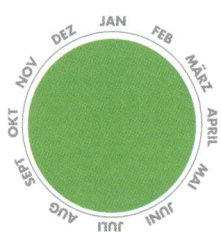

invasives, mehrjähriges Kraut • weit verbreitet • Wurzel kann in Scheiben geschnitten oder geraspelt werden • weiße Blüten auf langen Stängeln

Straßenrandpflanzen

Art

Eine mittelgroße, krautige, mehrjährige Pflanze mit einer Wuchshöhe von 75–90 cm, die jeden freien Platz besetzt, wenn sie nicht regelmäßig abgeerntet wird.

Beschreibung

Die glänzend grünen Grundblätter des Meerrettichs sind groß, eiförmig bis länglich, gekerbt und etwa 50 cm lang. Die kräftige Pfahlwurzel, für die der Meerrettich so geschätzt wird, ist fleischig und unverzweigt, bis zu 60 cm lang und 5 cm dick. Die weißen Blüten erscheinen von Mai bis September in dichten, endständigen Trauben, weit über den Blättern auf langen Stängeln und besitzen vier, etwa 5 mm lange Blütenblätter.

Vorkommen

Meerrettich gedeiht auf armen Böden, Brachland, Schutthalden, Bahngleisdämmen, in verwilderten Gärten und auf dem harten, kompakten Boden, der typisch für Straßenränder ist. Er mag tiefgründige Böden und meidet Staunässe. Er verträgt hellen, lichten Schatten, doch wächst er lieber in voller Sonne. Vermutlich aus dem Mittelmeerraum und der Türkei stammend, kommt der Meerrettich

heute, nach seinen 2.000 Jahren Anbaugeschichte, in ganz Europa wild vor.

Die direkt aus dem Boden wachsenden Meerrettichblätter sind groß, robust und ausgeprägt geadert.

Sammelzeit

Der Meerrettich ist winterhart und eigentlich ganzjährig erntbar. Alternativ können die Wurzeln, sobald die Blätter abgestorben und die Samen gereift sind, im Spätherbst oder zu Wintereinbruch (um Dezember) ausgegraben werden. Wer nicht mehrmals zum Fundort zurückkommen kann, kann auch mehrere Wurzeln ausgraben und sie, um das Aroma zu erhalten, in Sand aufbewahren.

Geschmack

Lassen Sie sich vom milden Aroma der Wurzel nicht täuschen – sobald Sie diese schälen und klein schneiden oder raspeln, kriegen Sie buchstäblich eine verpasst vom stechenden Geruch und dem feurigen, senfartigen Geschmack.

Verwendung

Die ungesäuberte Wurzel 1–2 Stunden ins Wasserbad geben und anschließend abschaben, bis das Fleisch sichtbar wird. Für eine Meerrettichsauce die Wurzel raspeln und mit Senf, Essig und Gewürzen mischen. Fügen Sie Meerrettich zu Joghurt, Mayonnaise oder Frischkäse und fertig ist die Sauce für Fleisch und Fisch. In feinste Scheiben geschnitten kann man Butterbrote damit belegen. Mancherorts wird die Wurzel grob geschnitten und geröstet, wodurch das ätherische Öl, das für den starken Geschmack verantwortlich ist, etwas abgemildert wird. Die jungen Blätter sind eine interessante Salatzugabe, doch sollten sie wegen ihres dominanten Geschmacks maßvoll verwendet werden und auch Meerrettich-Samenkeimlinge sind eine tolle Salatidee.

Checkliste

✔ zerriebene Blätter strömen stechenden Geruch aus

✔ große, leuchtend grüne Blätter erscheinen im Früh- bis Hochsommer

✔ die tief sitzende Wurzel mit einem Spaten ausgraben

✔ das Zubereiten der Wurzel kann wie Zwiebelhacken zu Tränen reizen

Aus der bei Sammlern sehr gefragten Pfahlwurzel wird eine scharfe Beilage für Rindfleisch und Makrele zubereitet.

Anthriscus sylvestris

Wiesenkerbel / Wilder Kerbel

früh blühende, zweijährige Pflanze • muss sorgfältig identifiziert werden • gefiederte, farnartige Blätter • für Salate und als Würzmittel

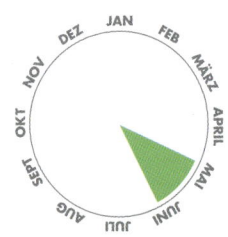

Straßenrandpflanzen

Art

Eine mittel- bis hochwüchsige, zweijährige Pflanze, etwa 60–120 cm hoch und höher, mit einer Breite von etwa 60 cm.

Beschreibung

Der Wiesenkerbel ist eine aufrecht wachsende Pflanze mit einem langen, grünen, gefurchten Stängel. Die mittel- bis dunkelgrünen, dreieckigen Blätter sind 15–30 cm lang und zwei- bis dreifach gefiedert. Im Frühling bis Frühsommer entwickeln sich regenschirmförmige Dolden aus kleinen, weißen Blüten, die jeweils nur 4 mm groß sind.

Verwechslungsgefahr

Wiesenkerbel muss mit großer Sorgfalt identifiziert werden, da er dem tödlich giftigen Gefleckten Schierling *(Conium maculatum)* sehr ähnlich ist. Beide Pflanzen gehören zur Familie der Doldenblütler *(Apiaceae)*, allerdings erreicht der Schierling größere Wuchshöhen von 2 m und mehr. Unterscheiden lässt er sich auch durch den „nagertierartigen" Geruch und den lila gefleckten Stängel. Wenn Sie sich nicht absolut sicher sind, dann lassen Sie die Pflanze stehen!

Vorkommen

Weiden, Hecken und offene Waldgebiete in ganz Europa sind die möglichen Standorte zumindest einiger Exemplare des Wiesenkerbels. Außerdem kommt er sehr häufig an Wegrändern im Wald und auf Ödland vor und bevölkert auch die Grünstreifen unserer Land- und Schnellstraßen.

Sammelzeit

Wenn Sie sich mit der Bestimmung absolut sicher sind, können Sie die frischen, neuen Blätter des Wiesenkerbels während der ganzen Wachstumsphase pflücken. Die zum Saisonan-

Die dreieckigen Blätter des Wiesenkerbels sind fein gefiedert, sie sehen farnartig und sehr delikat aus.

fang (Mai–Juni) wachsenden Blätter schmecken besser und vor allem nicht so bitter. Im Spätsommer sterben die Stängel ab, woraufhin im Herbst neue, nicht blühende Triebe erscheinen, die im Winter grün bleiben.

Geschmack

Der Wiesenkerbel, auch Wilder Kerbel, ist herber als der Gartenkerbel (Anthriscus cerefolium). Er schmeckt scharf und frisch und sein Aroma erinnert an Möhren. Durch Kochen verschwindet der Geschmack nahezu vollständig, weshalb man diese Pflanze am besten roh isst.

Verwendung

Der Wiesenkerbel kann anstelle der Zuchtform, des Gartenkerbels, verwendet werden. Er würzt Suppen, Salate und Saucen, dient als Garnierung für frisch gekochte Kartoffeln oder kalten Kartoffelsalat und passt zu Tomaten, Gurken und Eierspeisen.

Checkliste

- ✔ auf die Blüte folgen längliche, etwa 5 mm lange, schwarze Früchte
- ✔ Samen entwickeln sich ab Juli
- ✔ Stängel hohl und verzweigt
- ✔ Blätter leicht behaart
- ✔ nicht aromatische Pflanze

Wiesenkerbel

Der Wiesenkerbel gehört zur gleichen Pflanzenfamilie wie der giftige Gefleckte Schierling, wird jedoch nicht so groß wie dieser.

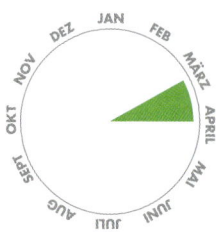

Artemisia vulgaris

Gemeiner Beifuß / Wilder Wermut

krautige, mehrjährige Pflanze • Blütenköpfe in dichten Rispen • stark verzweigt • passt gut zu fettigen Speisen

Straßenrandpflanzen

Art
Ein mittel- bis hochwüchsiges, mehrjähriges Kraut, das 60–100 cm hoch und 45–75 cm breit wird.

Beschreibung
Die aus einer holzigen Wurzel entspringenden, aufrechten Stängel des Beifuß zeigen einen rötlich-violetten Stich. Die bis zu 20 cm langen, gefiederten Blätter sind dunkelgrün und unterseitig weiß-filzig behaart. Die einzelnen Blattfie-dern sind eingeschnitten und spitz. Zahlreiche Blütenköpfe aus rötlichen oder blassgelben Röhrenblüten bilden eine dichte Rispe und öffnen sich von Juli bis September nacheinander.

Vorkommen
Der Beifuß wächst auf Wiesen und Brachland, an Bahngleisdämmen und Straßenrändern. Er verträgt Trockenheit, meidet Staunässe und bevorzugt saure Böden, kann aber auch auf alkalischem Boden wachsen. Er will volle Sonne, doch auch lichter Schatten und absonnige Lagen sind ihm recht. Er ist in den gemäßigten Zonen Europas beheimatet.

Sammelzeit
Sammeln Sie die Blätter im Frühling (März–April), um in die Gunst des frischen, neuen Grüns zu kommen. Auch die Blüten werden gesammelt (siehe unten) und zwar während der gesamten Blütezeit (Juli–September).

Geschmack
Der vorherrschende Geschmack des Beifuß ist bitter.

Die jungen Frühlingstriebe und -blätter dienen nicht nur zum Würzen, sondern wirken auch verdauungsfördernd.

Checkliste

✔ zerriebene Blätter riechen aromatisch

✔ dünner, kahler Stängel

✔ Grundblätter gefiedert

✔ Blüten in eiförmigen Köpfchen

Verwendung

Verwenden Sie die Beifußblätter roh als Salatzu-
gabe, insbesondere das frische Frühlingsgrün.
Wegen des bitteren Geschmacks ist allerdings
Zurückhaltung geboten. Er soll verdauungsför-
dernd sein, weshalb er traditionell in fettigen
Speisen wie Ente, Gans, Schwein, Hammel und
Aal Verwendung findet. Beifußblüten waren einst
eine verbreitete Bierzutat, was mit der Einfüh-
rung des Hopfens aber in Vergessenheit geriet.
Die Japaner nutzen Beifuß zum Würzen von
Klebreisknödeln.

Achtung

Der Beifuß enthält Thujon, eine giftige Substanz,
die normalerweise in zu geringen Mengen
vorhanden ist, um Schaden anzurichten. Nichtsdestotrotz sollte insbesondere während der
Schwangerschaft auf einen übermäßigen Verzehr verzichtet werden.

Wegen seines Vorzugs für gut drainierte
Böden und seiner Trockenresistenz, ist der
Beifuß die perfekte Straßenrandpflanze.

Gemeiner Beifuß

Asparagus officinalis

Spargel / Gemüsespargel

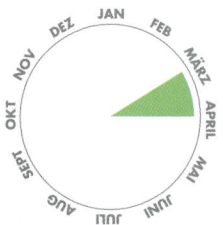

farnartige, mehrjährige Pflanze • Gemüse mit Gourmet-Qualität •
männliche und weibliche Pflanzen • delikater Geschmack

Art

Diese mittelgroße bis hohe, farnartige, mehrjährige Pflanze wird 1,5 – 2 m hoch und etwa
75 cm breit.

Beschreibung

Die kleinen Blätter des Spargels gleichen eher
Schuppen als wirklichen Blättern. Sie sind etwa
5 mm lang und wachsen aus vielverzweigten
Stängeln. Obwohl die kahlen Stängel hoch nach
oben treiben, verleihen die langen, hängenden
Zweige der Pflanze ein delikates Aussehen.
Zwischen Mai und August erscheinen glockenförmige, weißlich-grüne Blüten, die einfach oder
gepaart, verstreut an den Blattachsen (zwischen
Zweig und Stängel) hängen. Auf die Blüte folgen rote Beeren.

Vorkommen

Trotz der eher delikaten Erscheinung, ist der
Spargel eine zähe und robuste Pflanze, die
spielend mit den nicht gerade verheißungsvollen
Bedingungen von Öd- und Brachland, Eisen-
bahndämmen und Straßenrändern fertig wird.
Er will feuchte Böden ohne Staunässe und volle
Sonne. Spargel ist eine heimische Pflanze Euro-
pas, insbesondere Westeuropas.

Sammelzeit

Ein aufmerksames Auge ist vonnöten, um den
Spargel zur besten Sammelzeit zu finden. Wenn
Sie die Blätter erspähen, ist es aber leider schon
zu spät, da es die jungen Sprosse sind, die
dem Sammler Freude bereiten. Wilder Spargel
treibt früh im Frühling aus (März/April). Suchen
Sie die Vegetation nach den langen, verdorrten
Stängeln des Vorjahres ab. Während des Sommers wachsen (bei gutem Niederschlag) neue
Sprosse und je mehr Sie sammeln, desto mehr
ermuntern Sie junge Sprosse dazu, die Erde zu
durchbrechen und sich durchzudrücken (aber
nicht übertreiben, sonst ist die Pflanze im Folgejahr zu schwach).

Die saftigen
Sprossen (Stan-
gen) des Gemü-
sespargels sind
um März / April
erntereif.

Geschmack

Beim Spargel schmecken die dicksten Sprossen
am besten. Ihr Geschmack wird als frisch,
zwiebelig, grasig, nussig und süß beschrieben.
Andere befinden ihn für „klinisch", was damit zu
tun haben könnte, dass sich der Urin nach dem
Verzehr bei manchen Menschen grünlich färbt
und einen eigenartigen Geruch entwickeln kann.

Verwendung

Im Frühling werden die besten Sprossen (oder
Stangen) geerntet. Man kann sie wie üblich
dämpfen und mit frisch gemahlenem, schwarzem Pfeffer und einem Klecks Butter servieren,
aber auch roh und klein geschnitten in Salaten
verwerten. Die Samen dienen geröstet als
Kaffeeersatz. Kleine oder zerbrochene Stangen, die auf dem Teller nicht ganz so hübsch
aussehen, nicht wegwerfen – sie sind perfekt,
um Spargelsuppe zu zaubern oder passen in
Scheiben geschnitten und kurz trocken gebraten als Beilage zu Shrimps oder Huhn. Dieses
Gemüse passt auch fabelhaft zu Eierspeisen
und verleiht der klassischen Quiche Lorraine
einen superben Geschmack.

Rezeptidee

Gegrillter Spargel (siehe Seite 237)

Checkliste

✔ treibt aus einem langen Rhizom
✔ Sprossen erscheinen im Vorfrühling
✔ Samen reifen zwischen September und Oktober
✔ am Straßenrand wachsender Spargel könnte durch die Luftverschmutzung zu stark belastet sein

Die farnartigen Blätter sind leider ein Zeichen dafür, dass es für die Ernte bereits zu spät ist.

Borago officinalis

Borretsch / Gurkenkraut

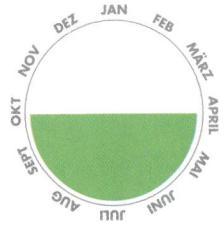

trockentolerant • gute Kalium- und Calciumquelle • weit verbreitet •
verleiht Speisen und Getränken Farbe und Geschmack

Straßenrandpflanzen

Art
Ein buschiges, einjähriges Kraut mit borstig
behaarten Stängeln und Blättern. Es erreicht
eine Höhe von 30–60 cm und wird etwa
15–30 cm breit.

Beschreibung
Die großen, wechselständigen Blätter sind dunkelgrün, eiförmig und wellig, 5–15 cm lang und
haben gewellte Ränder. Die verzweigten Stängel
sind rund und hohl. Während des ganzen Sommers (Juni–Oktober) blühen sehr attraktive, leuchtend blaue Blüten, die fünf sternförmig zurückge-
schlagene Blütenblätter zeigen, aus deren Mitte
schwarze, kegelförmige Staubbeutel ragen.

Vorkommen
Der Borretsch ist ein häufiger Kulturflüchtling und
wächst entlang der Hauptstraßen des ganzen
europäischen Kontinents. Über den Ursprungsort
der Pflanze finden sich je nach Quelle unterschiedliche Angaben, wie Zentraleuropa oder
Syrien. Weil der Borretsch anspruchslos ist, kann
er auf Ödland und armen Böden auftreten, doch
auf nährstoffreichen Böden bringt er buschige,
produktivere Pflanzen hervor. Ideal ist volle
Sonne bei gleichzeitigem Windschatten.

Sammelzeit
Pflücken Sie die Blätter und Blüten während der
gesamten, ausgedehnten Wachstumsphase – ab
Ende April die Blätter und ab Juni die Blüten – bis
in den Oktober. Einen Versuch wert ist es auch, die
Pflanze im Haus auf dem Fensterbrett zu ziehen.

Die Borretschblüten sind als Garnierung
ein toller Blickfang und machen sich
kandiert auch als Kuchenverzierung gut.

Geschmack

Der Volksname Gurkenkraut verrät es, Borretsch
schmeckt sommerlich frisch nach Gurke, die
Blätter einen Tick salziger. Die Blüten, die insbesondere in Getränken Verwendung finden (siehe
unten), schmecken nach leicht gesüßter Gurke.

Verwendung

Verwenden Sie die Borretschblätter roh oder
gekocht, doch denken Sie daran, dass sie borstig und deshalb nicht jedermanns Sache sind.
Am besten recht klein geschnitten zu Salaten,
Suppen und Eintöpfen geben (erst am Ende
der Kochzeit zugeben, so bleibt das Aroma
erhalten). Oder man mischt die klein gehackten
Borretschblätter mit Kohl und dämpft sie kurz.
Die blauen Blüten sehen in Fruchtpunsch oder
in Eiswürfeln eingefroren zum Kühlen von Gin-
Cocktails großartig aus. Sie lassen sich außerdem kandieren und als Kuchengarnierung verwenden. Aus den Blättern, Stängeln und Blüten
kann man Tee aufgießen.

Rezeptidee

Borretsch-Kuchen (siehe Seite 238)

Achtung

Borretsch enthält kleine Mengen eines leberto-
xischen Alkaloids und sollte daher nicht regelmäßig und nur in Maßen verzehrt werden.
Menschen mit Leberleiden müssen auf Borretsch
verzichten.

Checkliste

- ✔ **wirr durcheinander wachsend**
- ✔ **Samen reifen zwischen Juli und Oktober**
- ✔ **Stängel und Blätter behaart**
- ✔ **zieht Bienen an und ergibt guten Honig**

Medizinisch wurde diese Pflanze als
Stimmungsaufheller bei melancholi-
schen Zuständen eingesetzt.

Borretsch

Brassica nigra

Schwarzer Senf

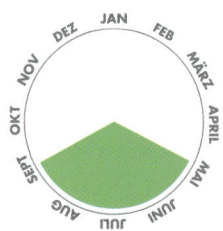

hochwüchsige, dürre, einjährige Pflanze • 5.000 Jahre altes Gewürz •
wächst unter zahlreichen, verschiedenen Bedingungen • geschätzt für
ihre hitzige Schärfe

Art

Die einjährige Pflanze mit den dünnen Zweigen
kippt am Ende der Saison oftmals schwer mit
Früchten beladen über. Sie erreicht eine Höhe
von 1,2 m und eine Breite von etwa 60 cm.

Beschreibung

Die wechselständigen Blätter der viel verzweigten, schnellwüchsigen Pflanze sind dunkelgrün.
Die unteren zeigen ein bis drei Seitenlappen
und einen großen Endlappen; die oberen Blätter
sind länglicher, ungelappt, grob gezahnt und
sehen unterseitig mehlig bestäubt aus. Zwischen
Juni und August erscheinen hoch über dem
Blattwerk endständige Trauben aus gelben, fünfblättrigen Blüten, die nur etwa 1 cm groß sind.
Daraufhin folgen die Samenschoten.

Vorkommen

Schwarzer Senf ist ein üblicher Kulturflüchtling,
der häufig entlang der größeren Transportwege
auftritt und sonst auf Ödland, Feldern und Wiesen zu finden ist. Auf Äckern gilt er als Unkraut.
Ursprünglich soll er aus der Mittelmeerregion
oder Vorderasien stammen, heute ist er in Mittel-
und Südeuropa und in den gemäßigten Zonen
des Kontinents heimisch.

Sammelzeit

Die Blätter sind von Mai bis September erhältlich, obwohl die meisten Menschen ihn wegen
der Samen schätzt. Die dicht am Stängel ange-
drückten Schoten mit den runden, rotbraunen
Samen reifen von Juli bis September.

Geschmack

Die Blätter des Schwarzen Senfs sind stechend
scharf, doch die Samen sind einmal verarbeitet noch viel schärfer.

Kochen Sie die Senfblätter wie Spinat
nur kurz oder probieren Sie die Blätter
roh im Salat.

Checkliste

- ✔ kann in küstennaher Umgebung wachsen
- ✔ treibt aus einer Pfahlwurzel
- ✔ untere Blätter behaart
- ✔ Blätter haben ein stechendes Aroma
- ✔ lange, dünne Stängel

Schwarzer Senf ist schärfer als Indischer bzw. Brauner Senf *(Brassica juncea)* und Weißer Senf *(Sinapis alba)*.

Verwendung

Verwenden Sie die Blätter des Schwarzen Senfs, roh oder gekocht, wann auch immer Sie Ihren Speisen eine schärfere, exotische Note verleihen möchten. Fein gehackte Blätter sind eine perfekte Salatzugabe (Menge je nach gewünschter Schärfe) oder können wie Spinat zubereitet werden. Auch die jungen Blütenstiele sind ein schnell gekochtes Gemüse. Oder bestreuen Sie den Käse, mit dem Sie ein Gericht überbacken möchten, doch mit dem Samen oder mahlen Sie diese zu einem Pulver (die Schlüsselzutat des Curry-Gewürzes). Das schärfste Ergebnis erzielt man, indem man das Senfpulver mit etwas kaltem Wasser zu einer dicken Paste vermengt; mit heißem Wasser oder Essig vermischt fällt das Resultat milder, aber bitterer aus.

Diese eher „unordentlich" wachsende, unscheinbare Pflanze kann auf allen Arten Ödland auftreten, inklusive Straßenrändern.

Schwarzer Senf

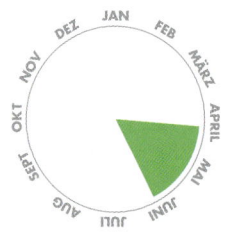

Chenopodium bonus-henricus

Guter Heinrich

mittelgroßes, einjähriges Kraut • weit verbreitet • Nahrungsquelle des Frühmenschen • ausgezeichnete Vitamin-B-Quelle

Art

Diese Pflanze wird nie sehr groß. Die Wuchshöhe der einjährigen (manchmal mehrjährigen) Pflanze ist variabel und beträgt je nach Bedingungen 30–75 cm bei einer Breite von 30–60 cm.

Beschreibung

Die dunkelgrünen Blätter des Guten Heinrichs sind 5–10 cm lang, ganzrandig bis gezahnt oder wellig, breit dreieckig und am Grund spießförmig, was sie gänsefußartig erscheinen lässt. Die unscheinbaren Blüten sitzen von Mai bis August in dichten Ähren, die zusammen eine das Blattwerk weit überragende, endständige Rispe bilden. Die gelblich-grünen Einzelblüten sind nur 2,5–4 mm groß, die darauf folgenden Samen sind rötlich und nur etwa 2 mm groß.

Vorkommen

Der Gute Heinrich wächst auf Weiden, Höfen und Misthaufen, an Straßenrändern und auf allen besonders stickstoffhaltigen Böden. Er mag feuchte, aber nicht staunasse Böden und wächst gern in voller Sonne oder offenem, lichten Schatten. Guter Heinrich ist in weiten Teilen Europas, inklusive Skandinavien, heimisch und kam wahrscheinlich mit den Römern nach Nordeuropa.

Sammelzeit

Seien Sie beim Abernten von einzelnen Pflanzen nicht zu gierig, weil sie schnell geschwächt werden. Wenn Sie gleich mehrere wild wachsende Pflanzen finden, dann pflücken Sie von jeder ein wenig. Die Sammelsaison beginnt im Vorfrühling und reicht bis zum Frühsommer (April–Juni). Die zu dieser Zeit erscheinenden, neuen Triebe erntet man am besten, wenn sie ca. 20 cm lang

Die breiten, dreieckigen Blätter des Guten Heinrichs machen ihn zu einem der am einfachsten bestimmbaren Pflanzen der Gänsefußgewächse.

sind. Später sollte man sie bis zur Reife wachsen lassen. Die Blätter können vom Vollfrühling bis zum Hochsommer (Mai–August) geerntet werden, danach sind sie zäh und bitter.

Geschmack

Die jungen Frühlingsblätter schmecken am mildesten, ähnlich wie Spinat, es ist aber nicht auszuschließen, dass selbst die jungen Blätter für manch einen Geschmack zu bitter sind. Die jungen Triebe sind mit Spargel vergleichbar, doch nicht ganz so delikat.

Verwendung

Der kuriose Name könnte eine Anspielung auf die mittelalterliche Verserzählung „Der arme Heinrich" darstellen oder aber auf das althochdeutsche Wort „Heimrich" zurückzuführen sein (Heim = Haus, rich = häufig vorkommend oder gut essbar). Die Blätter werden (in Maßen) zu Salaten gegeben, um den oftmals faden Kopfsalaten mehr Körper zu verleihen, oder können wie Spinat zubereitet werden. Die neuen Triebe können wie Spargel gebündelt und ein paar Minuten zart gekocht werden, um sie anschließend mit frisch gemahlenem, schwarzem Pfeffer und zerlassener Butter zu servieren.

Rezeptidee

Guter Heinrich mit Pinienkernen (siehe Seite 239)

Die gekochten Blütenknospen schmecken vorzüglich. Erlauben Sie aber einigen Blüten Samen auszubilden, damit der Fortbestand der Pflanze gesichert ist.

Checkliste

- ✔ hohle Stängel
- ✔ Samen reifen von Juli bis September
- ✔ Blätter fühlen sich wachsartig an
- ✔ gepflückte Blätter welken rasch
- ✔ neue Blätter zeigen einen Rotstich

Guter Heinrich

Primula veris

Echte Schlüsselblume / Himmelsschlüssel

niedrigwüchsige Wildblume • dottergelbe Blüten • einst von Winzern viel verwendet • kann dichte Bestände bilden

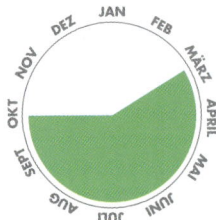

Art

Eine kleinwüchsige, mehrjährige Pflanze, die 10–30 cm hoch und etwa 20 cm breit wird.

Beschreibung

Die Blätter dieser dicht behaarten Pflanze bilden eine grundständige Rosette. Sie sind runzelig, zum Stiel hin schmaler, 5–15 cm lang und 2–6,5 cm breit. Zwischen April und Mai erscheinen 1,5 cm große, wohlriechende Blüten, die dottergelb leuchten. Sie sitzen in meist einseitswendigen, vielblütigen Dolden auf einem 10–20 cm langen, blattlosen Stängel.

Die Blätter der Schlüsselblume kann man bereits im Winter sammeln.

Verwechslungsgefahr

Die Echte Schlüsselblume kann mit der verwandten und sehr ähnlichen Hohen Schlüsselblume (Primula elatior) verwechselt werden, deren Blüten größer und von einem blasseren Gelb sind. Der Verzehr ist unbedenklich und ihre Blätter sind ebenfalls essbar.

Vorkommen

Die Kalk liebende Schlüsselblume wächst auf trockenen Wiesen, Eisenbahndämmen und in Hecken. Suchen Sie im lichten Schatten von Waldrändern und an offenen, sonnigen Stellen. Schlüsselblumen werden häufig im Landschaftsbau eingesetzt und in großer Zahl auf Verkehrs-

Checkliste

✔ nach der Bundesartenschutzverordnung ist diese Pflanze in Deutschland selten, sie steht auf der Vorwarnliste der Roten Liste und sollte möglichst nicht geerntet werden

✔ treibt aus einem kurzen, robusten Rhizom

✔ Blätter eiförmig bis länglich

✔ süß duftende, orange gesprenkelte Blüten

inseln und Straßendämmen gepflanzt. Sie ist in ganz Europa heimisch, mancherorts jedoch aufgrund der extensiven Landnutzung verdrängt worden und ihr Bestand durch allzu eifriges Sammeln der Wildpflanze arg zurückgegangen.

Sammelzeit

Die Blätter der Schlüsselblume können sehr früh in der Saison gesammelt werden, ab dem Winterende oder Vorfrühling (um März) bis etwa Oktober. Um die Blüten zu sammeln, muss man wegen der kurzen Blütezeit (April–Mai) den richtigen Zeitpunkt genau abpassen.

Geschmack

Der Wert der Blätter liegt kaum in ihrem eher unscheinbaren Geschmack, sondern hauptsächlich darin, dass sie sehr früh im Jahr erhältlich sind. Die Blüten hingegen schmecken richtig verarbeitet süßaromatisch.

Verwendung

Je jünger die Blätter, desto besser passen sie in Rohkostsalate, obwohl sie sowieso eher in kleinen Mengen zugegeben werden denn als Hauptzutat. Die gehackten Blätter dienen frisch oder getrocknet als Teeaufguss. Mit anderen Kräutern vermischt eignen sie sich für Fleisch- und Geflügelfüllungen. Die leuchtend gelben Blüten sind in Salaten und gekochten Speisen eine tolle Garnierung und können auch als Teil einer Konserve eingekocht werden. Früher, als die Schlüsselblume noch sehr häufig wild wuchs, wurde sie in rauen Mengen geerntet und zu Schlüsselblumenwein verarbeitet.

Die großblütigen, gelben Dolden sitzen hoch über den Grundblättern auf langen, blattlosen Stängeln.

Echte Schlüsselblume

Stellaria media

Vogelmiere / Vogel-Sternmiere

bildet invasive, locker wachsende Teppiche • wächst ganzjährig • Vitamin- und Mineralstofflieferant • alle Teile sind essbar

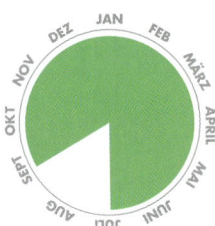

Art

Diese niedrig wachsende, einjährige Pflanze bedeckt mit ihren schwachen, niederliegenden Stängeln effektiv den Boden und kann einen bis zu 12 cm hohen und 50 cm breiten Teppich bilden.

Beschreibung

Die wechselständigen Blätter der Vogelmiere sind grün bis gelb-grün und eiförmig. Die unteren Blätter sind durch haarige Blattstiele an den schlaffen, niederliegenden Stängeln angewachsen; die oberen Blätter sitzen direkt an. Bei näherer Betrachtung erkennt man eine seitlich am sonst kahlen Stängel herunterlaufende Haarleiste. Die auffälligen, sternförmigen Blüten können ganzjährig erscheinen.

Vorkommen

Der Vogelmiere kann man nahezu überall begegnen, auf Grasland (wo sie mit etablierten Arten konkurriert), Ödland, Äckern, an Straßenrändern und in Gärten. Das invasive Kraut ist ein Kosmopolit, d. h. auf der ganzen Welt verbreitet. Nur Hitze und Wassermangel können ihr zusetzen – sie mag es feucht und kühl.

Sammelzeit

Obwohl die Pflanze einjährig ist, keimt sie häufig im Herbst (und im restlichen Jahr) und ist daher auch im Winter erhältlich, es sei denn, sie wird durch das Einsetzen des Winterfrostes zurückgeschlagen. Die Ganzjährigkeit wird durch ihre Fähigkeit ermöglicht, zeitgleich zu blühen und Samen zu säen. Sie ist nährstoffreich und perfekt zum Sammeln, außer mitten im Sommer, zwischen Juli und September, wenn die Hitze ihr zu schaffen macht und sie zu schlaff ist, um gepflückt zu werden.

Diese zähe Pflanze wächst unter den meisten Bedingungen und kann ganzjährig gesammelt werden.

Checkliste

✔ weiße Blütenblätter tiefschnittig, sodass die fünf aussehen wie zehn

✔ Samenblätter mittig und ausgeprägt geadert

✔ Stängel meist niederliegend

✔ Blüten sind etwa 6 mm groß

✔ Blätter eingerollt, um die wachsenden Spitzen des Nachts zu schützen

Geschmack

Während die einen die rohen Blätter und Stängel (die Blätter sind zu klein, als dass man sie vom Stängel pflücken könnte) für Salate zu bitter finden, setzen die anderen darauf, sie mit Wiesenkerbel, einem knackigen Apfel und mit einem Essig-Öl-Dressing verfeinert zu servieren. Gekocht ist sie geschmacklich kaum von jungen Spinatblättern zu unterscheiden.

Verwendung

Die Vogelmiere ist ein guter Vitamin-C-Lieferant und enthält außerdem die Vitamine A, B1 und B2, Magnesium, Eisen, Calcium und Kalium. Die Blätter und Stängel können im Rohkostsalat oder wie Spinat (siehe oben) zubereitet werden. Die Samen werden, wenn die zum Sammeln nötige Geduld aufgebracht wird, gemahlen und als Verdickungsmittel zu Suppen oder zum Brotbackmehl gegeben.

Die Stängel, Blätter und Blüten sind alle-samt sammelbar und können als nahrhafter Salat oder gekocht als Gemüse verwertet werden.

KÜSTENPFLANZEN

Wir konzentrieren uns nun auf Küstenpflanzen – und zwar nicht nur auf jene, die an das Küstenleben angepasst sind, sondern auch auf Algen, die normalerweise ohne Beachtung bleiben und erst bei Ebbe freigespült und in Felsbecken, auf Felsen oder am Strand sichtbar werden. Viele dieser Meeresbewohner sind köstlich und höchst nährstoffreich zugleich, voller Vitamine und essenzieller Mineralstoffe. Vom Meerkohl beispielsweise wissen wir, dass die Römer ihn auf lange Seereisen mitnahmen, um der Mangelerkrankung Skorbut vorzubeugen.

Beta vulgaris ssp. maritima

See-Mangold / Wildrübe

große, fleischige Blätter • Wildform und Vorläufer der Betarüben • blüht den ganzen Sommer • köstliches Gemüse

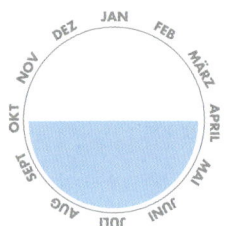

Küstenpflanzen

Art
Ein wucherndes, ein- oder mehrjähriges Kraut, das eine Höhe von etwa 1–1,2 m erreicht.

Beschreibung
Die glänzenden, dunkelgrünen Blätter sind größer und dicker, als man von einem Wildgemüse erwarten würde. Die unteren Blätter zeigen eine ausgeprägte Mittelrippe, der Stängel einen Rotstich. Die gelb-grünen Blüten sitzen einzeln oder bis zu vieren locker aufgereiht auf leicht welligen Ähren, besitzen weder Blütenblätter noch Stiele und blühen von Juni bis September.

Vorkommen
Der See-Mangold ist entlang der Küste zu finden – dort schmiegt er sich an Sanddünen, durchbricht losen Kies oder kämpft um Halt an Deichen und Klippen. Eigentlich wächst er überall, wo ein Fleck blanker, offener Boden in praller Sonne verfügbar ist. Unter guten Bedingungen tritt die windbestäubte Pflanze in recht großen Kolonien auf. Sie ist der Vorläufer der zahlreichen heute bekannten Kulturformen (Zuckerrübe, Runkelrübe, Rote Bete und Mangold), ist in den meisten gemäßigten Zonen Europas heimisch und tritt insbesondere in der Mittelmeerregion auf.

Sammelzeit
Die Hauptsaison der essbaren Blätter reicht von April bis Oktober. Obwohl sie in milderen Gegenden das ganze Jahr über zu finden sind, ist im Winter Zurückhaltung beim Sammeln geboten, wenn der Bestand überleben und sich im Frühling erholen soll.

Geschmack
Die Blätter schmecken wie Spinat, vielleicht etwas schwächer als die uns bekannte Kulturform und auch etwas salziger. Ebenso wie Spinat schrumpfen die Blätter durch Erhitzen stark, weshalb man stets genügend sammeln sollte.

Die Blätter gründlich waschen, die jüngeren roh zu Salaten geben und die älteren, zäheren Blätter kochen.

Kiesbetten sind ein idealer Standort dieser Küstenpflanze, ebenso wie Sanddünen, Deiche und Klippen.

Checkliste

✔ **nach der Bundesartenschutzverordnung gehört diese Pflanze in Deutschland zu den extrem seltenen Pflanze, sie sollte nicht geerntet werden**

✔ **obere Blätter eher speerförmig**

✔ **Blüten bis zu 8 mm groß**

✔ **ganzrandige, schwach gewellte Blätter**

Verwendung

Die fleischigen Blätter können roh verzehrt werden. Als Salatzugabe gehackt eignen sich die zu Saisonanfang gepflückten Blätter am besten, weil sie, insbesondere bei heißem Wetter gepflückt, zarter und weniger bitter sind als ältere. Die größeren, eher lederartigen Blätter kocht man am besten wie Spinat: kurz in wenig Wasser. Anschließend so viel Wasser wie möglich herauspressen, noch dampfend heiß in Butter schwenken und mit frisch gemahlenem Pfeffer würzen. Das nährstoffreiche Kochwasser kann man als Brühe wiederverwerten.

Rezeptidee

See-Mangold-Cannelloni (siehe Seite 241)

Chondrus crispus

Irisches Moos / Carragheen-moos

**viel verzweigte Alge • guter Vitamin- und Mineralstofflieferant •
als Verdickungsmittel bekannt • kann getrocknet aufbewahrt werden**

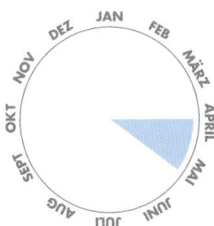

Art

Diese purpurrote Rotalgenspezies (die mit Moos nichts gemein hat) besteht aus knorpeligen, abgeflachten Wedeln, die gabelig verzweigt und 10 bis 20 cm lang sind.

Beschreibung

Das Irische Moos besitzt eine Haftscheibe, mit der es sich am Fels oder einem anderen, harten Substrat festhält. Unter Wasser betrachtet kann die Farbe bei geeignetem Licht schillern. In sehr hellem Licht erscheint sie zuweilen grün. Aus dem schlanken Stamm entwickeln sich breite, abgeflachte Wedel, die sich immer wieder verzweigen und dadurch eine fächerartige Form bilden.

Vorkommen

Das Irische Moos tritt in den unteren Gezeitenzonen der Felsküsten und in Gezeitentümpeln in großer Fülle auf. Sehr häufig ist es an den Atlantikküsten Europas. Es verträgt verschiedene Salzkonzentrationen und ist daher zuweilen auch in Flussmündungen zu finden, obwohl es nicht in Brackwasser leben kann.

Sammelzeit

Die beste Sammelzeit liegt im April und Mai. Die jungen Wedel haben dann noch nicht so viele Wellenschläge abbekommen und eignen sich am besten zum Trocknen und Aufbewahren. Doch auch zu anderen Zeitpunkten gesammelte Algen sind für diese Zwecke in Ordnung.

Geschmack

Das Irische Moos ist gelatinös und wird daher hauptsächlich zur Herstellung des Verdickungsmittels Carragheen genutzt.

Die aus diesem Seetang gewonnene, vegetarische Gelatine findet in vielen Gerichten Verwendung.

Checkliste

- ✔ manchmal braun-rote Farbe
- ✔ Pflanzensegmente linealisch bis keilförmig
- ✔ in der Sonne trocknen (dabei gelegentlich mit sauberem Wasser nässen)
- ✔ Wuchsform kann je nach Wassertiefe und Wellengang stark variieren
- ✔ gedämpft als frisches Gemüse verzehrbar

Verwendung

Aus Irischem Moos kann man, frisch oder getrocknet, eine vegetarische Gelatine herstellen. Köcheln Sie das saubere Seegras, nach Belieben gezuckert und gewürzt, in Wasser oder Milch (im Volumenverhältnis 1:3), bis sich der Tang größtenteils aufgelöst hat. Restliche Stücke herausnehmen, die Flüssigkeit in eine Form gießen und fest werden lassen – eine nahrhafte Quelle für die Vitamine A und B1, Eisen, Brom und Proteine. Diese Gelatine eignet sich nun, um Schmelzkäse, Pudding, Eiscreme, Gelee, Sülze usw. zuzubereiten. Man kann sie auch zu Suppen und Eintöpfen geben. Getrocknet verliert der Tang seine Tönung und nimmt eine eher durchsichtige, hellgelbe Farbe an. Zum Kochen eignet er sich sowohl getrocknet als auch frisch.

Suchen Sie die bei Ebbe freigespülten Felsen und Gezeitentümpel der Küste nach den Wedeln des Knorpeltangs ab.

Foeniculum vulgare

Fenchel / Gewürzfenchel

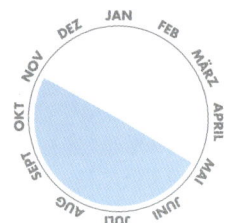

kahles, mehrjähriges Kraut • blüht vom Sommer bis in den Herbst • anisartiges Aroma • alle Pflanzenteile sind essbar

Küstenpflanzen

Art
Ein solides, aufrechtes, immergrünes Kraut, das Wuchshöhen von 1,5–2 m, zuweilen sogar 2,5 m, und eine Breite von 1 m und mehr erreicht.

Beschreibung
Die zarten Blattfiedern dieser bläulich-grünen Pflanze sind im Umriss dreieckig, wobei die linearen Einzelabschnitte fadenförmig und etwa 5 cm lang sind. Die Stängel und Blätter strömen ein starkes, süßes Aroma aus. Zwischen Juli und Oktober blühen gold-gelbe Blüten in locker angeordneten, abgeflachten Dolden, auf welche die Samen folgen.

Pflücken Sie die jungen Blattspitzen für den besten Geschmack. Die Blätter sehen toll als Garnierung aus.

Verwechslungsgefahr
Der Fenchel kann mit dem sehr ähnlichen Gefleckten Schierling *(Conium maculatum)* verwechselt werden, der eher auf sumpfartigen, staunassen Böden wächst. Zur Unterscheidung kann man die Blätter zerreiben – der Fenchel riecht anisartig, während der Schierling erdig bis moderig riecht.

Vorkommen
Fenchel wächst auf Ödland, Straßenrändern, Klippen und in feuchten Gebieten in Küstennähe. Um zu gedeihen benötigt er volle Sonne

Checkliste

✔ zerriebene Blätter strömen starkes Aroma aus

✔ winzige, 2 mm oder noch kleinere Einzelblüten

✔ Samen reifen ab September bis in den November

✔ an heißen Tagen nimmt man das Anisaroma bereits wahr, bevor man die Pflanze überhaupt berührt hat

und gut drainierte Böden. Er ist in Südeuropa weit verbreitet und inzwischen auch weiter nördlich beheimatet.

Sammelzeit

Ernten Sie die Fenchelsamen Anfang November – im Idealfall bevor sie reif und trocken sind. Die Blätter können jederzeit zwischen Mai und November gesammelt werden, doch wie bei den meisten Pflanzen sind die jungen Blätter zarter und schmecken auch besser.

Geschmack

Das Aroma dieser Pflanze ist so kräftig, dass Sie exakt das schmecken, was Sie riechen – Anis oder süßer Likör. Daneben lässt es auch eine frische Nussnote und einen Hauch Estragon und Kerbel erkennen.

Verwendung

Hacken Sie die jungen Blätter für Salate klein; Zweige der filigranen Blätter machen sich als Garnierung für allerlei Gerichte gut. Die Blätter und Samen ergeben einen beliebten Teeaufguss und gekeimte Fenchelsamen sind eine großartige Salatzugabe. Verwenden Sie die Samen zum Würzen von Kuchen und Broten oder auch, um Würste geschmacklich aufzupeppen. Die Blätter werden häufig zu Fisch serviert, doch sie passen auch zu Käse-Dips und Suppen. Und vergessen Sie die Wurzel nicht, die man wie Pastinaken zubereiten kann.

Rezeptidee

Gratinierter Fenchel (siehe Seite 242)

Fenchel

Die Blüten sind im Oktober verwelkt und die Samen um Anfang November herum erntereif.

Crambe maritima

Meerkohl / Strandkohl / Küsten-Meerkohl

niedrigwüchsige, mehrjährige Pflanze • treibt aus einem verzweigten Rhizom • Römer verwendeten eingelegte Blätter • ältere Blätter können bitter schmecken

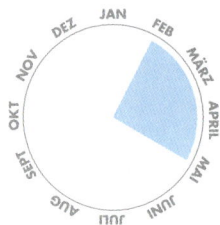

Art

Diese niedrigwüchsige, mehrjährige Pflanze hat fleischige Blätter und wird bei gleicher Breite bis zu 60 cm hoch.

Beschreibung

Aus dem fleischigen, verzweigten Rhizom wächst ein 2–3 cm breiter, aufrechter Stängel, der bläulich-grüne Blätter trägt. Die fleischigen Blätter sind buchtig gelappt und zeigen wellige Ränder, wobei die größeren, 25–35 cm langen, Grundblätter eiförmig und langgestielt sind und wie mehlig bestäubt aussehen. Die oberen Blätter sind eher lanzettförmig. Von Juni bis August blühen süß duftende, weiße Blüten, die in rispigen Trauben angeordnet sind.

Vorkommen

Der Meerkohl ist, wie der Name schon sagt, eine Küstenpflanze. Er wächst an den Küsten Nord- und Westeuropas, wo feuchtes und kühles Klima herrscht, auf Sandboden, Kies und Geröll. Nicht heimisch ist er am Mittelmeer. Er ist salzliebend und trockentolerant und wächst bevorzugt in offenen, sonnigen Lagen.

Sammelzeit

Die Blätter sind zeitig im Jahr erhältlich (Februar–Mai). Ältere Blätter schmecken bitter und alles andere als angenehm. Eine weitere Sammelphase liegt im Mai und Juni, wenn sich die Blütenknospen noch nicht geöffnet haben – sie können samt Blütenstand gedämpft oder abgepflückt roh verwertet werden.

Die bläulich-grünen Blätter mit den welligen Rändern können kaum mit einer anderen Pflanze verwechselt werden.

Geschmack

Die jungen Blätter und Triebe des Meerkohls sind, wenn man sie nicht überkocht, angenehm knackig und schmecken nussig – zuweilen wird er geschmacklich als haselnussartig mit bitterer Note beschrieben.

Verwendung

Geben Sie die jungen Blätter und Triebe zu gemischten Salaten oder kochen bzw. dämpfen Sie diese wie Spargel. Das Wasser abgießen, Butter zugeben, mit frisch gemahlenem Pfeffer würzen und servieren. Die Blütentriebe sollten gepflückt werden, sobald sie 15 cm lang sind, doch bevor sich die Knospen geöffnet haben. Sie können wie Brokkoli gekocht werden. Auch das fleischige Rhizom ist essbar und ein zucker- und stärkereiches Nahrungsmittel. Zur längeren Aufbewahrung kann die Pflanze eingelegt werden, was die Römer schon zu schätzen wussten, die eingelegten Meerkohl auf langen Seereisen mitnahmen, um der Mangelerkrankung Skorbut vorzubeugen. Der Meerkohl leidet unter den Veränderungen der Küsten. In Frankreich und England wird er zwar kultiviert, doch sein Wildbestand ist stark zurückgegangen, weshalb Sie von jeder einzelnen Pflanze nur sehr wenig mitnehmen sollten, damit sie für das kommende Jahr erhalten bleibt.

Rezeptidee

Meerkohl-Salat (siehe Seite 243)

Ältere Blätter wie Kohl zubereiten; die jüngeren Blätter nur kurz kochen oder dämpfen.

Checkliste

✔ nach der Bundesartenschutzverordnung ist diese Pflanze in Deutschland gefährdet, sie sollte nicht geerntet werden

✔ wächst häufig in Gruppen

✔ tritt sehr nah am Meer auf

✔ nach der Blüte entwickeln sich in einer hartschaligen Schote runde Samen

✔ bevorzugt steinige Standorte, wie Klippen und Deiche, als auch Sanddünen

✔ süß duftende, vierblättrige Blüten

Porphyra umbilicalis

Purpurtang / Nori

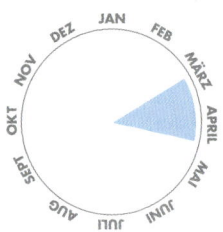

blattähnlicher Thallus (Körper) • höchst nährstoffreicher Seetang • Farbe variiert • auf Küstenfelsen leicht auszumachen

Küstenpflanzen

Art
Dünne, gelatinöse Seetangblätter, die nur eine Zellschicht dick sind und aus unterschiedlich geformten Wedeln oder Blättern bestehen. Einzelpflanzen werden im Durchmesser etwa 20 – 25 cm groß.

Beschreibung
Der Thallus (ein primitiver Pflanzenkörper ohne Gefäße, Wurzeln und Blätter) der Nori-Alge ist abgeflacht. Der lateinische Name *umbilicalis* bedeutet „aus dem Nabel", was sich auf ihr zentrales Haftorgan und die sie umgebenden Membranen bezieht. Der Purpurtang ist anfangs grün und nimmt erst mit der Zeit die purpurne bis rötlich-braune Färbung an.

Die rötlich-braune Farbe dieses Exemplars der Nori weist auf das fortgeschrittene Alter der Alge hin.

Vorkommen
Der Purpurtang hält sich mit dem Haftorgan an Felsen, moorigen Bojen, großen Steinen und Deichen fest, kann in geschützten Hafenanlangen auftauchen oder andernorts von Sand bedeckt sein. Er ist an der Atlantikküste Europas und an der Nordsee weit verbreitet.

Sammelzeit
Die beste Sammelzeit für Nori liegt zwischen Vor- und Erstfrühling (März bis Ende April), denn dann ist diese Rotalgenart am zartesten und schmackhaftesten. Im Sommer ist sie

Checkliste

- ✔ färbt sich durch Rösten grün
- ✔ sehr sandverschmutzte Algen meiden
- ✔ wächst an den Küstenstreifen in der Gezeitenzone
- ✔ von der *Porphyra* können verschiedene Arten vermischt wachsen, die allesamt verzehrbar sind

bereits zu zäh. Um die nährstoffreiche Alge zu ernten, brauchen Sie bloß auf die Ebbe zu warten, um den freigespülten Seetang vom Untergrund zu lösen.

Geschmack

Während die einen sie als schlammig abtun, können die Lobgesänge anderer kaum lauter erklingen. Manche beschreiben die Alge als faserig-fischig: „So würde Fisch schmecken, wenn er aus dem Boden wüchse", andere schätzen sie als Appetitanreger. Weil das meiste Salz beim Kochen aus der Alge gewaschen wird, ist das Endprodukt natriumarm.

Verwendung

Der Purpurtang lässt sich an der Luft trocknen – auf einer Wäscheleine in der Sonne oder über einem Feuer – und als Würzmittel in Suppen, Saucen und Eintöpfen verwenden. Das berühmte walisische Purpurtang-Brot wie folgt zubereiten: Die Blätter der sauberen Alge grob zerbrechen und in leicht gesalzenem Wasser mindestens 4 Stunden köcheln (nicht sprudeln oder am Topfrand ankleben lassen). Sobald sich ein grober Brei gebildet hat, ist es fertig. Die Restflüssigkeit abgießen und die Masse in den Kühlschrank stellen. Dieses „Brot" ist eine Beilage für Meeresfrüchte-Pasta oder -Pizza oder stellt mit Pilzen in Teig ausgebacken einen Teil des traditionellen walisischen Frühstücks dar. Bekannter ist wohl die Verwendung der Alge zum Einhüllen von Sushi, einer traditionellen Speise Japans, woher auch der Name Nori stammt. Die Nori-Alge ist proteinreich, enthält Vitamin C, B1, B2, B6 und E als auch Fluor, Mangan, Kupfer, Zink und Jod.

Die grüne bis purpurrote Nori-Alge haftet an Felsen, Dämmen und anderen festen Untergründen.

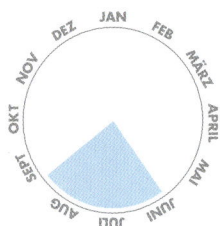

Salicornia europaea

Gemeiner Queller / Glasschmalz

viel verzweigte, einjährige Pflanze • wächst auf Salzböden in großer Fülle • winzige Blüten • frisch oder eingelegt verzehrbar

Küstenpflanzen

Art

Die fleischige, kleinwüchsige, einjährige Pflanzen kann 30 cm hoch werden, ist zumeist aber kleiner. Tritt meist als dicker, viel verzweigter Busch, seltener als einzelner Stängel auf.

Beschreibung

Dieses sukkulente Kraut hat einen verzweigten, dickfleischig-glasigen Hauptstängel. Auf den ersten Blick lässt er keine Blätter erkennen – sie bestehen aus schuppenartigen, am Stängel angewachsenen Röhren. Die gegenständigen Blätter sind anfangs dunkelgrün und im Herbst rosarot. Die im August blühenden, winzigen Blüten sind sehr unscheinbar. Besser sichtbar sind die Tragblätter sowie die gelben Staubblätter der Blüten, die nur kurz erscheinen.

Vorkommen

Der beste Ort, um nach dem Queller zu sehen, sind Sandstrände, Schlickwatt und Salzwiesen, wo er so dicht wachsen kann, dass es von weitem wie ein Grasfeld aussieht. Er liebt sonnige Lagen und wächst auf sehr alkalischen und salzhaltigen Böden. Er kommt in ganz Europa vor.

Sammelzeit

Bei dieser Pflanze sind für den Sammler zwei Phasen interessant. Im Frühsommer (um Juni) sind die jungen Triebe erntereif, während man im Spätsommer (August–September) den Stängel und die Seitensprosse abknipsen oder -schneiden kann. Lassen Sie etwa 5 cm des Stängels zurück, damit dieser neu austreiben kann.

Geschmack

Wenn Sie einem Queller über den Weg laufen, dann pflücken Sie ein paar junge Zweige ab, um sie kurz abzuspülen und in den Mund zu stopfen. Sie sind wunderbar knackig frisch und einfach köstlich! Am ehesten lässt der Queller sich mit jungen Spinatblättern vergleichen, er ist nur etwas salziger.

Waschen Sie die sandverschmutzten Blätter sauber. Die zarten Sprossspitzen sind ein knackiger Knabbersnack.

Checkliste

✔ Samen reifen im September

✔ regelmäßig überflutete Pflanzen schmecken am besten

✔ untere Zweige sind häufig so lang wie die Pflanze hoch

✔ Stängel pflückt man am besten bei einer Länge von etwa 15 cm

✔ Blüten öffnen sich in Dreiergruppen

Verwendung

Sie können die jungen, saftigen Stängel roh als einfachen, salzigen Knabbersnack vernaschen oder als Würzmittel in Suppen, Saucen usw. verwenden. Vor der Zubereitung sollte der Queller gründlich von Sand, Kies, Schlamm oder altem, an ihm haftenden Tang befreit werden (auf keinen Fall in Wasser einweichen, weil er schnell zu verfallen beginnt). Vor dem Kochen kann man das innere hölzerne Herzstück entfernen oder das Fleisch einfach mit den Zähnen abziehen, sobald es gekocht ist. Die jungen Stängel müssen nur kurz gegart werden, daher erst am Ende hinzufügen. Die älteren Stängel und Zweige bereitet man wie Spargel zu und kocht oder dämpft sie für etwa acht Minuten in ungesalzenem Wasser.

Rezeptidee

Queller mit Krabben (siehe Seite 240)

Die untere Gezeitengrenze ist der wahrscheinlichste Fundort des windbestäubten und zuweilen invasiven Quellers.

GARTENBESUCHER

Viele von uns haben im Garten schon Tomaten, Kohl und Möhren gezogen oder die Früchte der Beerensträucher und Obstbäume geerntet, doch wahrscheinlich haben wir dafür einige andere kulinarische Leckerbissen übergangen. Manch ein Unkraut, das wir aus dem Beet rupfen, könnte dabei ein überaus schmackhafter Gartenbesucher sein. Achtsamkeit bleibt dennoch geboten, da Pflanzen wie die Rote Spornblume oder der Weiße Gänsefuß sich invasiv ausbreiten können, wenn sie nicht im Zaum gehalten werden. Die andere Art Gartenbesucher, deren kulinarischer Wert oftmals ignoriert wird, sind Speisepilze, wie beispielsweise der Schopftintling oder die Morchel, die ungebeten auf Rasen und Holzpfählen erscheinen.

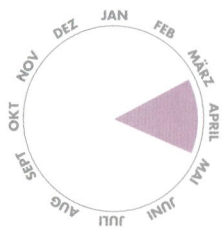

Centranthus ruber

Rote Spornblume /
Roter Baldrian

winterharte, trockenresistente Pflanze • kann Massenbestände bilden • prächtige Blütenfülle • als Blattgemüse gekocht oder roh verzehrbar

Art
Die aufrechte, krautige, mehrjährige Pflanze wird 45–100 cm hoch und 30–60 cm breit.

Beschreibung
Die blau-grünen, duftenden Blätter der Roten Spornblume sind etwa 5–7 cm lang und wachsen in gegenständigen Paaren auf Stängeln, die aus einer holzigen Basis treiben. Die schmaleren Grundblätter sind gestielt; die oberen Blätter wachsen sitzend an. Die purpurroten (manchmal weißen) Einzelblüten mit dem deutlich erkennbaren Sporn sind nur 1,5 cm groß, doch sie blühen zwischen Mai und August in so schwer beladenen, trugdoldigen Trauben, dass sie einen tollen Blickfang liefern.

Vorkommen
Diese Sonne liebende Pflanze will gut drainierte Böden und breitet sich durch freigiebige Selbstaussaat auf Ödland, Felsklippen (der Küste) und in Hecken aus. Und mit einiger Wahrscheinlichkeit erscheint sie auch in Ihrem Garten, im Gemüsebeet, einer Mauerspalte oder in einem Riss im Gebäude, der tief genug für eine kleinste Menge Erde und Feuchtigkeit ist. Die im Mittelmeerraum beheimatete Spornblume ist seit Jahrhunderten auch in nördlicheren Gefilden in Kultur und zusehends verwildert. Unter günstigen Bedingungen kann sie Massenbestände bilden.

Die Rote Spornblume bringt selbst auf sehr wenig Boden überladene Blütentrauben hervor.

Gartenbesucher

Sammelzeit

Am leckersten sind die jungen Blätter und Triebe, die in den Frühlingsmonaten, noch bevor die Blüten sich zu öffnen beginnen, gesammelt werden. Die Wurzel wird geerntet, nachdem die Samen gereift sind (oder vorher, um ihre Ausbreitung zu stoppen).

Geschmack

Obwohl die Blätter in manchen Ländern sehr beliebt sind, sind sie vielen Menschen selbst jung gepflückt zu bitter.

Verwendung

Wegen des bitteren Geschmacks der Roten Spornblume sollten die Blätter vorsichtig verwendet werden. Ein paar wenige rohe Blätter reichen aus, um Salaten extra Pfiff zu verleihen. In Frankreich und Italien werden die Blätter wie Gemüse kurz gekocht und mit Butter serviert. Die Wurzeln dienen zum Würzen von Suppen. Allerdings ist die auch unter dem Namen Roter Baldrian bekannte Pflanze im Gegensatz zum verwandten Echten Baldrian (Valeriana officinalis) keine Heilpflanze.

Checkliste

✔ Blüten riechen unangenehm nach abgestandenem Schweiß

✔ Blüten sitzen hoch über den Blättern auf aufrechten Stängeln

✔ Samen reifen von Juni bis September

✔ Samen in Flugfrüchten (wie beim Löwenzahn), die der Wind verbreitet

✔ verträgt keine längeren Feuchteperioden

Eine Mauer liefert Wärme und Schutz und stellt daher einen beliebten Standort dieser trockenresistenten Pflanze dar.

Matricaria recutita syn. Chamomilla recutita

Echte Kamille

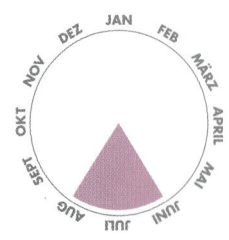

mehrjähriges, aromatisches Kraut • getrocknete Blüten in Potpourris und Kräuterkissen • war bereits den alten Ägyptern als Heilpflanze bekannt • Rasen bildende Pflanze

Gartenbesucher

Art

Aus einer spindelförmigen, faserigen Wurzel treibend, erreicht dieses immergrüne, mehrjährige Kraut eine Höhe von 15–50 cm, zuweilen auch 80 cm.

Beschreibung

Die Stängel der Kamille sind niederliegend bis aufrecht und buschig verzweigt. Die wechselständigen, fiederteiligen Blätter sehen farnartig aus. Sie sind spiralförmig angeordnet und im Umriss länglich. Die 2–3 cm großen Blüten erscheinen zwischen Juni und August in einzel-nen, endständigen Köpfchen und bestehen aus gelben Röhrenblüten in der Mitte und zurückge-schlagenen, weißen Zungenblüten.

Verwechslungsgefahr

Sehr ähnliche Pflanzen sind die Acker-Hunds-kamille *(Anthemis arvensis)* und die Stinkende Hundskamille *(Anthemis cotula)*. Das offenkun-digste Unterscheidungsmerkmal ist das charakte-ristische Aroma – die Echte Kamille riecht stark nach Apfel. Außerdem zeigt sie als einzige ihrer Art einen hohlen Blütenstandboden.

Vorkommen

Diese anspruchslose Pflanze wird seit jeher kultiviert und ist als typischer Kulturbegleiter in verwilderten Gärten, auf offenem Gelände in Siedlungsnähe und auf Äckern zu finden. Die Fähigkeit zur Selbstaussaat macht sie zu einem sehr wahrscheinlichen Gartenbesucher. Vielleicht findet sie Gefallen an Ihrem Steingarten oder nistet sich auf einem kahlen Fleck im Rasen ein. Ihre natürliche Heimat ist Westeuropa, doch inzwischen ist sie in allen gemäßigten Zonen Europas zu finden.

Dieses trockentolerante Kraut ist trittfest und stellt auf Rasenflächen einen aro-matischen Grasersatz dar.

Checkliste

✔ Samen reifen von August bis Oktober

✔ gänseblumenartige Blüten

✔ Pollen können allergische Reaktionen auslösen

✔ Rasen bildende Pflanze

✔ zerriebene Blätter sind äußerst aromatisch

Sammelzeit

Die Blätter des immergrünen Krauts können ganzjährig gesammelt werden. Beliebter sind jedoch insbesondere für Teezubereitungen die Blüten, die ausschließlich von Juni bis August erhältlich sind.

Geschmack

Die stark aromatischen, süß duftenden Blüten schmecken überraschenderweise etwas bitter.

Verwendung

Obwohl alle Pflanzenteile der Kamille zum Würzen von Kräuterbier genutzt werden können, werden in der Küche vor allem die Blütenköpfe geschätzt. Für den besten Geschmack sollten Sie diese erst dann sammeln, wenn die Blütenblätter schon etwas traurig und welk aussehen. An einem trockenen, schattigen Ort an der frischen Luft trocknen. Pro Tasse einen Teelöffel frische oder getrocknete Blüten mit kochendem Wasser übergießen, vier Minuten ziehen lassen, abseihen und servieren. Die getrockneten Blütenköpfe sind in einem luftdichten Behälter einige Wochen haltbar.

Die Kamille wird seit Jahrhunderten als Beruhigungsmittel und zum Lindern von Verdauungsbeschwerden eingesetzt.

Chenopodium album

Weißer Gänsefuß

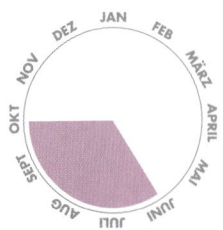

weit verbreitetes, einjähriges Kraut • nahrhaft, aber potenziell
invasiv • roh oder gekocht verzehrbar • lange Blütezeit

Gartenbesucher

Art
Eine aufrechte, einjährige Pflanze von kleiner bis
mittlerer Höhe, die 30–100 cm hoch und etwa
15–40 cm breit wird.

Beschreibung
Die gegenständigen Blätter dieser viel verzweigten Pflanze sind einfach und mittelgrün, wobei
die ersten Blätter diamantförmig und zur Spitze
hin gezahnt und später erscheinende schmaler
und ganzrandig sind. Die winzigen, grünen Blüten sitzen geknäuelt und stiellos in endständigen
Trauben in den oberen Blattachseln.

Vorkommen
Der Weiße Gänsefuß hat eine besondere Vor-
liebe für Brachland, seien Sie also nicht überrascht, wenn er sich in neu angelegten Gärten
ansiedelt, in Spalten auf dem Bürgersteig oder
auf der Terrasse wächst. Er ist häufig auch auf
Schuttplätzen und alten Mist- und Komposthau-
fen zu finden. Weil diese Pflanze in ihren Blättern Nitrate konzentrieren kann, sollten Sie keinen Gänsefuß ernten, der auf gedüngtem Boden

Die diamantförmige, gesägte Spitze
lässt darauf schließen, dass es sich
um ein junges, erstes Blatt handelt.

Checkliste

✔ nur in offenen, sonnigen Lagen

✔ auf die unscheinbaren Blüten folgen
Früchte mit winzigen, schwarzen Samen

✔ Blätter und insbesondere der Blütenstand
sind mehlig bestäubt

✔ Blätter zur Aufbewahrung trocknen oder
tiefkühlen

✔ die Samen lassen sich einfacher sammeln,
sobald die Köpfe im Spätherbst oder
zu Winteranfang auf natürliche Weise
getrocknet sind

wächst (siehe Achtung). Der Weiße Gänsefuß stammt vermutlich aus Europa und ist heute weltweit verbreitet.

Sammelzeit

Wenn Sie den Weißen Gänsefuß frühzeitig finden, d. h. im Vollfrühling oder Frühsommer, können Sie die ganze Pflanze in der Küche verwenden. Die Blätter eignen sich bis zum ersten Frost als Sammelgut und werden, im Gegensatz zu den meisten anderen Pflanzen, mit der Zeit nicht bitter, sondern immer kleiner. Die Blütenköpfe kann man von Juni bis Oktober sammeln; die Samen reifen von August bis Oktober.

Geschmack

Früher hat man aus der Pflanze einen Wildspinat zubereitet, es überrascht daher nicht, dass er dem kultivierten Cousin geschmacklich sehr ähnelt, obwohl er etwas milder ist und ein leichtes Erbsenaroma erkennen lässt.

Verwendung

Im Frühling kann die ganze Pflanze verwertet werden. Klein geschnitten dient sie als Salatzugabe, doch sollten die Blätter nicht im Übermaß verzehrt werden (siehe Achtung). Als Gemüse behandelt man die Blätter, Stängel und Triebe ganz so wie Spinat. Die winzigen Samen stellen einen ausgezeichneten Brotzusatz dar und können entweder gemahlen oder über den Teig gestreut zugegeben werden. Zuvor müssen sie über Nacht einweichen. Die Samen sind sehr keimfreudig und somit ideal für Salate, ebenso wie die Blütentrauben, die aber auch kurz angebraten werden können.

Rezeptidee

Würziger Gänsefuß mit Tomaten (siehe Seite 244)

Achtung

Wie zahlreiche Vertreter seiner Gattung, enthält auch der Weiße Gänsefuß toxische Saponine, die allerdings in sehr geringen Mengen vorhanden sind. Meistens passieren sie den Körper, ohne absorbiert zu werden, oder werden bereits beim Kochen zerstört. Dennoch ist bei Fällen von Rheuma, Arthritis oder Nierensteinen auf einen gemäßigten Verzehr zu achten. Der Weiße Gänsefuß kann außerdem (wie Spinat) hohe Nitratkonzentrationen aufweisen und eignet sich daher nicht zum Verzehr, wenn er auf stark gedüngten, sehr nitrathaltigen Böden wächst.

Die häufig in Gemüsebeeten erscheinende Pflanze bedarf einer strengen Kontrolle, damit sie nicht zu wuchern beginnt.

Coprinus comatus

Schopftintling

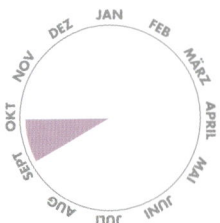

lange Erntezeit • wächst in Gruppen • hochwüchsiger, schuppiger Pilz • häufiger Gartenbesucher

Art
Ein hochwüchsiger Pilz, der noch jung wie ein schmutzig-weißes Ei aussieht, das direkt aus dem Boden wächst. Mit der Zeit wird der Pilz schuppig und der Stiel wird sichtbar. Er erreicht 7–25 cm Höhe.

Beschreibung
Diesen Pilz findet man in Gruppen, Linien, Kreisen oder dichten Gruppen. Der säulen- bis glockenförmige Pilz ist 5–15 cm hoch und 2,5–5 cm dick. Der Hut ist weiß mit einem braunen Fleck in der Mitte, doch das auffälligste Merkmal sind die schmutzig-weißen bis hellbraunen Schuppen, die ihn bedecken. Der hohle Stiel ist glatt und weiß, etwa 1 cm dick, und das Fleisch ist weich und weiß. Der Name Schopftintling ist darauf zurückzuführen, dass die Lamellen allmählich und vom Rand her beginnend als schwarze, tintenartige Flüssigkeit zerfließen.

Vorkommen
Der Schopftintling ist häufig auf Brachland, Schutt, Straßenrändern, Spielplätzen und selbstverständlich auf dem Rasen im eigenen Garten zu finden. Obwohl er offene Standorte vorzieht, trifft man ihn zuweilen auch unter Bäumen an. Er wächst europaweit.

Sammelzeit
Der Schopftintling hat eine lange, produktive Erntezeit. Die Hauptmonate sind der Frühherbst (September und insbesondere Oktober), doch eigentlich kann er zu jeder Zeit zwischen April und Dezember auftreten.

Geschmack
Ein mild schmeckender und duftender Pilz, der gekocht mit dem Austernpilz vergleichbar ist.

Bei unreifen Exemplaren versteckt sich der Stiel des Schopftintlings noch unter dem Hut.

Checkliste

✔ Hutschuppen oft überlappend

✔ Stiele verjüngen sich häufig nach oben und sind leicht vom Hut abtrennbar

✔ dicht gedrängte Lamellen

✔ sobald die Lamellen zerflossen sind, bleibt ein zerfranster Hut auf einem langen Stiel zurück

✔ wächst am liebsten auf tiefgründigen, reichen Böden

Verwendung

Der Schopftintling wird erfreulicherweise kaum von Insekten befallen, doch sollte er mit einem feuchten Tuch von Erde und Schmutz befreit werden. Die besten Exemplare sind die jungen Hüte, die noch nicht zu schwarzer Flüssigkeit zerfließen. Allerdings tritt dieser Verflüssigungsprozess bereits kurz nach dem Pflücken ein, sodass sie rasch in den Kochtopf gelangen sollten. Die einfachste Zubereitungsart ist halbiert und rasch in Butter gebraten. Ältere Hüte nicht wegwerfen – besser ist es, sie auf kleiner Hitze zu braten, um sie dann im Mixer zu zerkleinern und in Suppen zu verwerten. Allerdings könnten die Speisenden vor der Tintenfarbe zurückschrecken.

Rezeptidee
Schopftintling-Suppe (siehe Seite 245)

Eine urplötzlich erschienene Schopftintling-Versammlung im Gras des eigenen Gartens vorzufinden ist nichts Ungewöhnliches.

Morchella esculenta

Speisemorchel

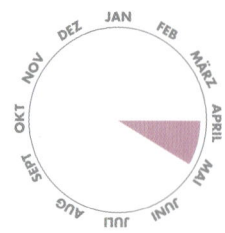

beliebter Speisepilz • erscheint Saison für Saison am selben Ort •
Hut von wabenartigen Vertiefungen überzogen • in Gesellschaft
mit Laubbäumen

Art

Mit einer Höhe von 2,5–10 cm und einem
2,5–6 cm breiten Hut, der an unregelmäßige
Bienenwaben erinnert, tritt dieser Pilz leider
immer seltener auf. Er erscheint Jahr für Jahr
am selben Standort und Pilzsammler, die von
einer sicheren Quelle wissen, behalten das
Wissen um den Standort meist für sich.

Beschreibung

Das auffälligste Merkmal der Speisemorchel ist ihr
Hut mit den wabenförmigen Vertiefungen, die von
grauer bis hellbrauner Färbung sind und sich mit
der Zeit verdunkeln. Der stämmige Stiel ist etwa
2,5 cm dick, hohl und bildet mit dem ebenfalls
hohlen Hut eine einzige Hohlkammer. Der Stiel ist
nach oben hin meist glatt und an der Basis leicht
gefurcht. Das Fleisch ist dünn und brüchig.

Verwechslungsgefahr

Zum Verwechseln ähnlich sind weitere genießbare Vertreter der Morchel, Gefahr geht von
der giftigen Frühjahrslorchel *(Gyromitra esculenta)* aus. Sie lässt sich anhand des Hutes
unterscheiden, der von satter, brauner Farbe ist
und gehirnartige Windungen zeigt. Außerdem
weisen Stiel und Hut zahlreiche Kammern auf;
die Speisemorchel bildet eine einzige, hohle

Kammer. Im Zweifelsfall kann man den Pilz
längs halbieren und ihn anhand der Kammern
identifizieren.

Vorkommen

Die Speisemorchel kommt europaweit vor und
wächst oftmals in Gesellschaft mit sommergrünen Bäumen, insbesondere der Esche und Ulme.
Sie bevorzugt leichte oder kalkhaltige, gut drainierte Böden. Weitere mögliche Fundorte sind
Waldlichtungen, etablierte Hecken und Obstgärten und, mit etwas Glück, auch ein stiller Fleck
im eigenen Garten.

Die Speisemorchel ist eine ausgezeichnete Frühlingskost und zu eben dieser
Jahreszeit zu finden.

Checkliste

- ✔ wächst nach Bränden in großer Fülle
- ✔ Apfelbaumgärten können lohnenswerte Suchorte sein
- ✔ vertiefungen am Kopf durch hellere Rippen begrenzt
- ✔ süßer, angenehmer Geruch
- ✔ Hut und Stiel miteinander verwachsen

Nach einem Frühlingsregen lohnt es sich, in allen Winkeln nach der Speisemorchel zu sehen.

Sammelzeit

Ein früh erscheinender Pilz, der vor allem in den späten Frühlingsmonaten (April/Mai) auftritt. Die beste Sammelzeit ist kurz nach einem warmen Regen, wenn der Boden nach frischer, reichhaltiger Erde riecht.

Geschmack

Die Speisemorchel riecht und schmeckt süß und mild, sagen die einen, die anderen beschreiben sie als erdig und leicht pfefferig. Wieder andere meinen, sie schmecke einzigartig und sei mit nichts zu vergleichen. Doch bei allen gilt sie als besonders fein.

Verwendung

Kappen Sie den Stielboden ab, um zu sehen, ob sich Insekten im Hohlraum eingenistet haben. Auch die Höhlungen im Hut bieten Insekten ein ausgezeichnetes Versteck und müssen gründlich gesäubert werden – manche Leute blanchieren den Pilz kurz. Längs halbiert erhält man zwei Formen zum Füllen und Backen. Zum Trocknen kann man den Pilz längs halbieren und auf einen Baumwollfaden ziehen, um ihn dann über der Heizung oder in einer Lufttrockenkammer aufzuhängen, bis er knusprig ist. In einem verschlossenen Glas im Dunkeln aufbewahren. Zum Verarbeiten in Milch quellen lassen oder zu einem Pulver zermahlen und als Würzmittel für Suppen und Eintöpfe verwenden.

Rezeptidee

Morcheln mit Wildreis (siehe Seite 246)

Speisemorchel

HECKENPFLANZEN

Hecken bestehen aus einer Vielzahl linienförmig wachsender zäher Sträucher, Kletterpflanzen und kleiner Bäume, die ursprünglich als Feldgrenze gepflanzt wurden und im Winter vor Schneeverwehungen schützen sollten. Heute stellen sie einen nahrungsreichen Unterschlupf für zahlreiche heimische Tierarten dar und zählen zu den sogenannten Linienbiotopen. Doch auch für uns sind die wilden, grünen Korridore von Nutzen, denn sie liefern einen saisonalen Gaumenschmaus aus Früchten und Beeren, der es vermag, unsere oftmals abgestumpften Geschmacksknospen wiederzubeleben.

Alliaria petiolata

Knoblauchsrauke / Lauchkraut

unverzweigtes, zweijähriges Kraut • Blätter sind zeitig im Jahr
sammelbar • weit verbreitet • will schattige, feuchte Lagen

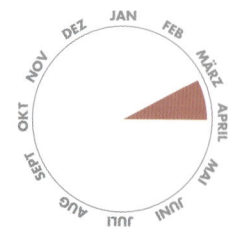

Art

Ein wenig bis unverzweigtes, aufrechtes, zweijähriges (manchmal einjähriges) Kraut, das
eine Höhe von 70–100 cm und eine Breite
von etwa 50 cm erreicht.

Beschreibung

Die Blätter der Knoblauchsrauke sind dreieckig bis herzförmig, mittelgrün und haben
buchtig gesägte Ränder. Im ersten Jahr bildet
die Pflanze flach am Boden wachsende Blatt-
rosetten, die sich im Folgejahr zu einer reifen
Pflanze entwickeln. Die wechselständigen
Stängelblätter sind nierenförmig, mit Stiel etwa
15 cm lang und 2,5–6 cm breit. Zwischen
April und Juni entfalten sich kleine, knopfarti-
ge, leuchtend weiße Blüten mit vier Blütenblättern, die in kleinen, endständigen Trauben sitzen. Manche Pflanzen blühen im Hochsommer
ein zweites Mal. Die Samen reifen von Juni
bis August.

Vorkommen

Diese Pflanze liebt feuchte, schattige Lagen
in offenen Laubwäldern, schattige Garten-
ränder mit konstant feuchten bis nassen Böden,
sie wächst in Wassergrabennähe und selbstverständlich in Hecken. Die Knoblauchsrauke

Der lichte Schatten einer etablierten
Hecke ist der ideale Standort dieser
zweijährigen Pflanze.

stammt wahrscheinlich aus Europa, ist heute aber in vielen Ländern der Welt heimisch.

Sammelzeit

Nach einem milden Winter kann man die Blätter der Knoblauchsrauke bereits im Februar finden, doch besser ist es, bis Ende März zu warten, um die oberen Blätter und jungen Triebe zu pflücken. Zu diesem Zeitpunkt trägt die Pflanze bereits Blütenknospen, zeigt jedoch noch keinerlei Farbe. Bisweilen treiben im Herbst neue Blätter aus (September/Oktober), doch geschmacklich fehlt ihnen die Tiefe des Frühlingsgrüns.

Geschmack

Die Blätter riechen und schmecken – besonders im Frühling – subtil nach Knoblauch und entfernt nach Senf. Auch die Blüten und Schoten schmecken nach Knoblauch, sind aber milder.

Verwendung

Roh verleihen die fein geschnittenen, jungen Blätter und Triebe Salaten eine frische Schärfe mit einem feinen Knoblauch-Senf-Aroma. Sie sollen das Verdauungssystem stärken. Auch die Blüten und Schoten verleihen roh ein mildes Knoblaucharoma. In manchen Regionen wird die Knoblauchsrauke mit Minzesauce vermischt und mit Lamm- oder Hammelfleisch serviert, in anderen wird sie traditionell zum Würzen von Fisch verwendet, insbesondere von Hering.

Checkliste

- ✔ Rosettenblätter sind dunkelgrün, nierenförmig und haben gekerbte Ränder
- ✔ zerriebene Blätter strömen ein starkes Knoblaucharoma aus
- ✔ kreuzförmige Blütenblätter (Kreuzblüten)
- ✔ 2,5–7 cm lange Samenschoten; vollständig reife Samen glänzend schwarz

Die Knoblauchsrauke kann in schattigen, feuchten Lagen beträchtliche Bestände bilden.

Knoblauchsrauke

Humulus lupulus

Hopfen

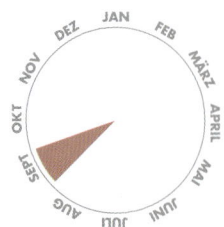

kraftvolle, hochrankende Schlingpflanze • seit über 1.000 Jahren als Bierwürze bekannt • bildet männliche und weibliche Blüten • weit verbreitet

Art
Diese mehrjährige, sich emporwindende Kletterpflanze wächst mittel bis schnell und erreicht 4–6 m. Im Frühling entwickelt sie frischen Wuchs, um sich im Herbst als winterhartes Rhizom in die Erde zurückzuziehen.

Beschreibung
Die gegenständigen Blätter haben einen bis zu 12 cm langen Blattstiel. Sie sind breit und 12–15 cm lang, an der Basis herzförmig, drei- bis fünfzählig gelappt und haben grob gesägte Ränder. Die gelb-grünen bis cremefarbenen Blüten sind entweder männlich oder weiblich, zwittrige Pflanzen gibt es nicht. Die männlichen Blüten sind klein und öffnen sich in lockeren Rispen; die weiblichen Blüten sitzen in runden Scheinähren, die zu Hopfenzapfen heranreifen. Die Blütezeit liegt im Juli und August.

Vorkommen
Der Hopfen kommt verwildert in allen gemäßigten Zonen Europas vor. Er bevorzugt sonnige Waldränder, Ödland, wo er alte Mauern oder Pfosten kolonisiert, und lange Hecken, wo er seine Ranken aussenden kann, um neues Territorium zu erobern. Der Hopfen hat keine Vorlieben, was den Boden betrifft, und verträgt sowohl lichten Schatten als auch volle Sonne. Er ist trockentolerant.

Sammelzeit
Wenn Sie die Sprosse und Blätter als Gemüse verwenden möchten, sollten Sie im Vorfrühling nach der Pflanze sehen. Die Blütenernte zum Bierbrauen (weibliche Blüten wohlgemerkt) fällt in den September, dem traditionellen Herbstmonat der Hopfenernte.

Geschmack
Der Geschmack der Hopfenblätter und -triebe gilt als erfrischend aromatisch.

Pflücken Sie junge Hopfenblätter am besten vor der Frühlingsmitte, dann schmecken sie besonders köstlich.

Checkliste

✔ **rechtswindende Liane**

✔ **wohlriechende Blüten**

✔ **will gut drainierte Böden**

✔ **Samen reifen im September und Oktober**

✔ **Stängel mit steifen Haaren besetzt, die der Rebe als Kletterhilfe dienen**

Hopfen

Verwendung

Die jungen Frühlingstriebe sind gehackt und langsam in Butter gebraten einfach köstlich. Als Gemüse im Alleingang oder im Mixgerät grob zerkleinert kann man sie zu Suppen und Saucen geben. Die jungen Sprosse sind roh lecker, am besten gehackt und unter andere Salatblätter gemischt. Es gibt ein Omelette nach italienischer Art, das nach einer Handvoll Hopfensprosse verlangt. Diese werden in Olivenöl frittiert, unter vier Eier gemischt und gewürzt. Das Omelett wie gewohnt durchgaren.

Rezeptidee

Hopfensprosse mit Eiern (siehe Seite 247)

Achtung

Zwar nicht sehr häufig (etwa 1 von 3.000 Menschen), doch der Hopfen kann bei Hautkontakt eine allergische Reaktion verursachen. Auch der Pollen kann als Allergen wirken.

Nicht nur als Bierwürze bekannt – von traditionellen Kräuterheilern wurde der Hopfen einst als mildes Beruhigungsmittel eingesetzt.

Prunus spinosa

Schlehe / Schlehdorn / Schwarzdorn

tritt in Hecken in großer Fülle auf • leuchtend weiße Frühlingsblüte • saftige Beeren • Sommerfrucht • Aromastoff für Gin und Likör • herber Geschmack

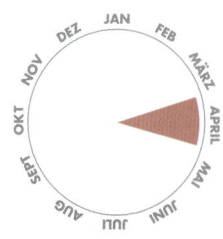

Art

Pralle, saftige Beeren an einem dichten Strauch, der 3–6 m hoch werden kann.

Die Schlehe ist als Gin-Zutat bekannt, man kann sie aber auch zu leckeren Gelees und Konserven verarbeiten.

Beschreibung

Sehen Sie nach einem hohen, sparrigen Strauch mit scharfen Dornen auf dunkler, beinahe schwarzer Rinde. Die kleinen Blätter, maximal 2,5 cm groß, sind im Sommer hellgrün und später gelber. Die kleinen, weißen Blüten erscheinen im Frühling vor dem Blattaustrieb (März–April). Die Früchte der Schlehe sind kleine, runde, dunkelblaue Beeren, die wie Minipflaumen aussehen; sie sind anfangs hellblau bereift. Die Früchte wachsen eher einzeln als in Büscheln und sind im Durchmesser selten größer als 1 cm.

Vorkommen

Die Schlehe tritt sowohl in Hecken als auch in Waldgebieten in Fülle auf und bevorzugt sonnige bis schattige Lagen. Sie ist in den gemäßigten Zonen Nordeuropas verbreitet. In manchen Ländern wird sie als Grenzhecke oder als Schutz gegen Wildvögel gepflanzt.

Sammelzeit

Die Frucht folgt auf die Blüte, am besten sieht man also ab Mitte April nach ihr. Ein warmer, milder Frühling kann das Wachstum früher einsetzen lassen. Wenn Sie Schlehenblüten entdeckt haben, dann können Sie vier oder fünf Wochen später zur Enrte zurückkehren.

Geschmack

Zum ersten Mal in eine Schlehenfrucht zu beißen ist eine verblüffende Erfahrung. Die Haut
berstet und bringt ein weiches, saftiges und
säuerlich herbes Fruchtfleisch zum Vorschein.
In den meisten Rezepten wird Zucker zugegeben, um den sauren Geschmack zu neutralisieren. Im Zentrum der Beere sitzt ein kleiner,
harter, ungenießbarer Kern.

Verwendung

Die Schlehe dient seit der Jungsteinzeit als
Nahrungsmittel und ist eine äußerst vielseitige
Frucht. Sie ergibt ein köstliches Gelee und kann
in Kuchen den Geschmack süßerer Obstsorten
ausgleichen. In Großbritannien und Irland ist
Schlehen-Gin sehr beliebt und in der spani-
schen Provinz Navarra wird sie zu einem Likör
namens Patxaran verarbeitet.

Checkliste

- ✔ eiförmige Blätter hellgrün oder gelb
- ✔ dunkle, beinahe schwarze Äste und Zweige
- ✔ trägt dunkelblaue, im Durchmesser etwa 1 cm große Beeren
- ✔ Beeren sind besonders anfangs stark bereift
- ✔ strauchartiger Busch, im Schatten eher selten

Die Schlehe leistet mit leuchtend weißen
Blüten ihren Beitrag zur Farbenvielfalt
des Frühlings.

Ribes nigrum

Schwarze Johannisbeere / Cassis

typische Heckenpflanze • aufrechter, sommergrüner Strauch • gute Vitamin-C-Quelle • fruchtet im Hochsommer • leckerer Snack

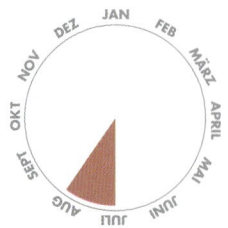

Art
Ein sommergrüner Beerenstrauch von 1,5 m, manchmal sogar 1,8 m Höhe, er wird meist ebenso breit.

Beschreibung
Die einfachen Blätter sind wechselständig, 5–10 cm lang und fünfzählig gelappt, d. h. handförmig. Die Blattränder sind gesägt. Unscheinbare, grünlich-gelbe oder rötlich-grüne Blüten, etwa 5 mm groß, blühen im April und Mai in bis zu 10 cm langen, hängenden Trauben. Die hübschen, auf die Blüte folgenden, essbaren Beeren sind von glänzender, purpur-schwarzer Farbe.

Auf die Blüte folgen kleine Beeren, die ab dem Hochsommer reifen und sich purpur-schwarz färben.

Verwechslungsgefahr
Trägt die Pflanze keine Früchte, kann sie mit der Roten Johannisbeere *(Ribes rubrum)* verwechselt werden (siehe Seiten 192–193).

Vorkommen
Diese typische Heckenpflanze kann kultiviert werden oder wild in Auenwäldern nahe Wassergräben oder Flüssen wachsen. Sie wächst an offenen, sonnigen Standorten, zieht jedoch lichten Schatten vor, der sie vor der Nachmittagssonne schützt. Sie kommt in allen gemäßigten Zonen Europas vor.

Sammelzeit
Wer an den Blättern der Schwarzen Johannisbeere interessiert ist, sollte sich als Sammelzeit April bis Juni merken. Doch die meisten denken bei dieser Pflanze eher an ihre köstlichen Beeren, die je nach den lokalen Gegebenheiten ab Juli bis August erntereif sind.

Geschmack
Die saftige Beere schafft es, gleichzeitig süß und säuerlich zu schmecken.

Checkliste

- ✔ Pflanze riecht eigenartig und unangenehm
- ✔ will feuchte Bodenbedingungen
- ✔ gedeiht in kühlen Sommern am besten
- ✔ die glänzenden, fast schwarzen Beeren werden etwa 1 cm groß
- ✔ regelmäßig aufsuchen, da die reifen Beeren sehr beliebt bei Vögeln sind

Verwendung

Schwarze Johannisbeeren sind roh ein gesunder Vitamin-C-Snack, doch um süß zu schmecken müssen sie vollreif sein. Meist werden die Beeren jedoch gekocht und dienen als Würze oder Füllung für Marmeladen, Gelees, Kuchen und Eiscreme. Sie eignen sich auch für alkoholische Getränke – hierfür einfach in die Flasche Weinbrand, Gin oder Wodka einfüllen. Die Blätter dienen als Suppenzutat oder getrocknet als Teeaufguss. Unter andere Kräuter gemischt können sie ihre eigene Teemischung kreieren. Die Beeren lassen sich gut für eine längere Aufbewahrung einfrieren.

Rezeptidee

Wildbeeren-Kompott (siehe Seite 248)

Ist der Boden feucht genug, kann die Schwarze Johannisbeere im Schutz einer Hecke prächtig gedeihen.

Schwarze Johannisbeere

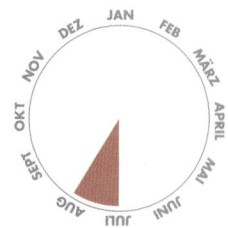

Ribes rubrum

Rote Johannisbeere

**kleinwüchsiger, sommergrüner Strauch • unscheinbare Blüten •
Beeren roh oder gekocht verzehrbar • fruchtet im Hochsommer •
knallrote Frucht**

Heckenpflanzen

Art
Ein sommergrüner Beerenstrauch, der
1,2–1,5 m, bisweilen auch 2 m Höhe erreicht
und 60–100 cm breit wird.

Beschreibung
Die wechselständigen Blätter dieses meist vielverzweigten Strauchs sind einfach und 5–10 cm
lang. Sie sind fünfzählig gelappt (handförmig),
zeigen gesägte Ränder und sitzen spiralförmig
angeordnet an den Stängeln. Unscheinbare,
grünlich-gelbe Blüten, etwa 5 mm groß, blühen
im April und Mai in hängenden 3,5–7 cm langen Trauben. Auf die Blüte folgen die hübschen,
essbaren Beeren, die leuchtend rot sind und zu
3–10 Stück an jeder Traube wachsen.

Verwechslungsgefahr
Trägt die Pflanze keine Früchte, kann sie mit der
sehr ähnlichen Schwarzen Johannisbeere *(Ribes
nigurum)* verwechselt werden – siehe Seiten
190–191.

Vorkommen
Diese typische Heckenpflanze wird in Gärten
kultiviert und tritt wild wachsend in feuchten Wäldern, nahe Wassergräben oder Flüssen auf. Sie
wächst auf offenen, sonnigen Standorten, zieht

aber lichten Schatten vor, der sie vor der Nachmittagssonne schützt. Die Rote Johannisbeere tritt
im gemäßigten Europa auf.

Sammelzeit
Die Blätter sammelt man am besten zwischen
April und Juni; die Beeren je nach lokalen Gege-
benheiten im Juli oder August.

Die Beeren hängen büschelweise unter
den Zweigen und sind daher einfach
zu ernten.

Geschmack

Die Rote Johannisbeere ist ein wenig saurer als die verwandte Schwarze Johannisbeere.

Weil die Pflanze nicht gerade üppig mit Früchten beladen ist, sollte man gleich mehrere ausfindig machen, damit der Sammeltrip sich auch lohnt.

Verwendung

Die Rote Johannisbeere trägt nicht so viele Früchte wie die schwarze, weshalb man mehrere Sträucher ausfindig machen sollte, damit sich der Sammelausflug auch lohnt. Ein Mund voll Beeren beim Spazierengehen ist unsagbar lecker und außerdem reich an Vitamin C. Wenn Sie genügend für den Kochtopf finden, können Sie daraus Saucen, Marmeladen und das britische Früchtebrot „Summer Pudding" zaubern. Die getrockneten Blätter dienen als Teeaufguss, der gut bei Gicht und Rheuma sein soll (siehe Achtung).

Achtung

Die frischen Blätter der Roten Johannisbeere enthalten geringe Mengen der toxischen Blausäure, die im Übermaß verzehrt zum Tode führen kann.

Checkliste

- ✔ zerriebene Blätter geruchlos
- ✔ bildet bis zu 1 cm große Beeren
- ✔ mag humose, staunasse Böden
- ✔ an die Konkurrenz durch Vögel denken
- ✔ Beeren in seltenen Fällen weiß bis schmutzig weiß

Ribes uva-crispa

Stachelbeere

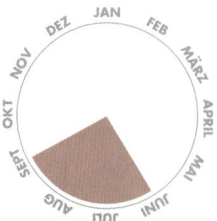

stacheliger, dichter Strauch • toleriert unterschiedliche Bodenbedingungen • Früchte meist sehr sauer • fruchtet mancherorts nicht

Art
Ein stacheliger, viel verzweigter Strauch mit dich-
tem Laub. Erreicht eine Höhe von 60–150 cm
und eine Breite von 1–1,8 m.

Beschreibung
Die Blätter des niedrigen, sommergrünen Strauchs
sind rundlich, drei- bis fünfzählig gelappt und
haben gekerbte Ränder. Die Zweige schützen
sich mit einer stattlichen Reihe einfacher oder
dreiteiliger Stacheln, die lang und scharf sind.
Die kleinen, grünlich-gelben Blüten, deren rotran-
dige Blütenblätter zurückgeschlagen sind und so
die Staubblätter erkennen lassen, blühen zwischen März und Mai einzeln oder paarweise.
Die darauf folgende eiförmige, grünlich-gelbe
Frucht ist kleiner als bei der Kulturform – doch
geschmacklich umso besser.

Vorkommen
Wenn Sie eine ganz besonders dornige und
stachelige Hecke entdecken, könnte das ein
Zeichen dafür sein, dass hier die Stachelbeere
wächst, die gern und häufig in den wilden
Korridoren gedeiht. Andere Fundorte sind lichte
Wälder oder Waldränder, insbesondere wenn
es dort Wasser gibt. Stachelbeersträucher
gedeihen in den kälteren, nördlichen Breiten-
graden Europas, wo sie vollsonnige Standorte
bevorzugen; weiter südlich wachsen sie im
Schutz lichten Schattens.

Sammelzeit
Die erntereifen Früchte der Stachelbeere findet
man je nach lokalen Bedingungen ab Juni oder
Juli bis September.

Vom Hochsommer bis zum Frühherbst
erstreckt sich die Zeit, um in Hecken
nach wilden Stachelbeeren zu suchen.

Checkliste

✔ Frucht meist behaart

✔ bisweilen erscheinen purpurfarbene Beeren

✔ Früchte der Wildform sind häufig kleiner als die der Kulturform

✔ achten Sie insbesondere auf feuchte Standorte

✔ zum Schutz vor den Stacheln Handschuhe tragen

Geschmack

Süß ist relativ – denn manche Stachelbeeren sind durchaus süß, aber eigentlich nur, wenn man sie mit extrem sauren Stachelbeeren vergleicht.

Verwendung

Sie können am Busch gebliebene Stachelbeeren, die vollständig gereift und das Maximum an Süße erreicht haben, roh verspeisen, doch die meisten Menschen ziehen es vor, sie noch fest und sehr sauer zu pflücken, um sie zu Kuchen- und Tortenfüllungen, Marmeladen oder Chutneys zu verarbeiten. In England berühmt ist das Dessert „Gooseberry Fool". Die jungen Blätter eignen sich für Salate, allerdings besteht bei zu großen Mengen Vergiftungsgefahr (siehe Achtung auf Seite 193).

Rezeptidee

Stachelbeer-Hafer-Kuchen (siehe Seite 251)

Der Stachelbeerstrauch ist mit einem Heer schrecklicher Stacheln gerüstet, weshalb man beim Sammeln Handschuhe tragen sollte.

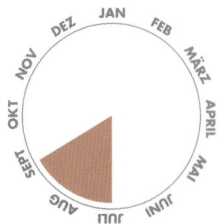

Rubus caesius

Kratzbeere / Acker-Brombeere

wuchernder, stacheliger Strauch • Art aus der Gattung der Brombeeren • sehr weit verbreitet • ein perfekter Snack

Art

Ein niedrigwüchsiger, sommergrüner Strauch aus der Gattung der Brombeeren, der nur 20–40 cm hoch und mind. 1 m breit wird.

Beschreibung

Ohne Frucht sind die verschiedenen Brombeersträucher nur schwer auseinanderzuhalten, doch die Kratzbeere ist leicht zu erkennen. Die großen, dreizählig gelappten Blätter haben grob gesägte Ränder. Die auffälligen, weißen Blüten, deren Blütenblätter sich berühren oder

Die Kratzbeere gedeiht inmitten typischer Heckengesellschaften, in denen sie oft übersehen wird.

gar überlappen, zeigen deutlich hervortretende Staubblätter. Ihre lange Blütezeit erstreckt sich von Mai bis September. Die darauf folgenden Beeren sind bläulich bereift („*caesius*" ist lateinisch für „blassblau"). Sie werden in kleineren Mengen produziert und zeigen weniger Fruchtsegmente als bei der Brombeere. Genau genommen ist die Bezeichnung Beere falsch, weil sich die Frucht aus zahlreichen, einzelnen Steinfrüchten zusammensetzt (eine sogenannte Sammelsteinfrucht).

Vorkommen

Diese europaweite Pflanze mag Gebüsche und sonnige Waldränder, die lichten Schatten spenden, und wächst bevorzugt im Schutz von Heckenpflanzengesellschaften, wo es vor allem Vögel sind, die sich an ihren Früchten laben.

Sammelzeit

Erntereife Kratzbeerensträucher sind jederzeit zwischen Juli und September zu finden. Die Zweige sind nicht übermäßig stachelig, doch ohne lange Ärmel und Handschuhe muss man damit rechnen, armlange Kratzer davonzutragen.

Geschmack

Beim Pflücken der saftig-prallen Früchte sollte man behutsam vorgehen, da sie bei grober Handhabung beschädigt werden. Der Saft ist süß und tief im Geschmack und selbst bei vollreifen Früchten angenehm herb.

Verwendung

Die Frucht ist immer köstlich, egal ob frisch gepflückt, im Obstsalat, als Kuchen- und Tortenfüllung oder als Würzmittel für Gelees und Marmeladen. Viele Leute finden, dass sie sogar besser schmeckt als Brombeeren. Besonders lecker ist es, die Früchte einzeln in mit Vanille-Extrakt verfeinerte, frisch geschlagene Sahne zu tauchen. Außerdem dienen die Blätter frisch oder getrocknet als Teeaufguss.

Rezeptidee

Sommerliches Kratzbeeren-Früchte-Dessert (siehe Seite 250)

Checkliste

- ✔ Blätter färben sich im Herbst rot und bleiben zum Teil den Winter über an der Pflanze
- ✔ benötigt feuchten, gut drainierten Boden
- ✔ Früchte anfangs grün, dann rot und bei Vollreife violett-blau
- ✔ reife Frucht ist weich und zart und wird beim Pflücken schnell beschädigt
- ✔ Früchte sind wachsartig bereift

Kratzbeere

Die Blütezeit erstreckt sich vom Vollfrühling bis zum Frühherbst.

Rubus fruticosus

Brombeere

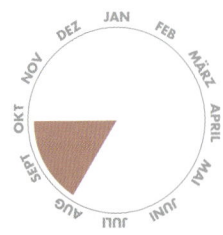

nur eine Art der umfangreichen Rubus-Gattung • stacheliger, rankender Strauch • wächst schnell und zuweilen invasiv • diente bereits den Menschen der Frühgeschichte als Nahrung

Heckenpflanzen

Art
Ein sehr stacheliger, sommergrüner Brombeerstrauch, der bei gleichem Umfang rasch eine Höhe von 3 m und mehr erreicht.

Beschreibung
Die rankende Brombeere sendet stachelige Zweige aus, die schnell wurzelnd niederliegen oder aufrecht, bogig überhängen, sie bilden rasch

Die kleinen Steinfrüchte sind erst grün, dann rot und nehmen ab dem Hochsommer eine glänzend schwarze Farbe an.

ein dichtes Gestrüpp. Die kurzen, kräftigen Stacheln sind gekrümmt und schonungslos scharf. Die im März austreibenden, grünen Blätter sind (meist drei- bis fünfzählig) gelappt mit gesägten Rändern und färben sich im Herbst rot. Die weißen bis rosa-weißen, fünfblättrigen Blüten zeigen zahlreiche Staubblätter und blühen von Mai bis September in zahlreichen, traubig-rispigen Blütenständen. Bei den daraufhin erscheinenden Beeren handelt es sich um Sammelsteinfrüchte, die vom Hochsommer bis zum Herbst reifen und sich purpur-schwarz färben.

Vorkommen
Brombeersträucher sind sehr anpassungsfähig und können auf sehr armen Böden gedeihen. Sie wachsen an Waldrändern und in lichten Wäldern, wo sie ein dichtes Unterholz bilden. Die Brombeere wächst ebenso gern auf Ödland, Industriebrachland, Eisenbahndämmen, an Straßenrändern und in Hecken. Sie kommt in ganz Europa vor und bevorzugt, obwohl sie Trockenheit verträgt, feuchte Böden.

Sammelzeit
Die Sammelsteinfrüchte reifen zwischen August und Oktober, aber nicht zeitgleich, weshalb man die Pflanze mehrmals besuchen sollte.

Meistens ist der September der beste Brombeer-Sammelmonat. Allerdings empfiehlt es sich lange Ärmel und Handschuhe zu tragen, um sich vor den Stacheln zu schützen, es sei denn, man beschränkt sich auf die äußeren, leicht erreichbaren Früchte. Sobald die Früchte Frost abbekommen, schmecken sie fade.

Geschmack

Süß und saftig sind die Worte, die im Zusammenhang mit der Brombeere fallen. Die Samen sind zu klein, um entfernt zu werden, und bleiben gern zwischen den Zähnen stecken, was manch einer als störend empfindet – ein kleiner Preis, den man zahlen muss.

Verwendung

Die Frucht ist auf einem Spaziergang frisch vom Strauch gepflückt der ultimative Snack! Zur richtigen Jahreszeit sollte man nie ohne Korb oder Tüte losziehen, um die wundervollen Früchte mit nach Hause nehmen zu können. Gekochte Früchte werden zu Marmeladen, Kuchen- und Tortenfüllungen oder zu Sirup und Gelee verarbeitet. Die jungen Blätter dienen getrocknet als Teeaufguss und die geschälten jungen Frühlingstriebe, kurz nach ihrem Austreiben vom Boden gepflückt, dienen roh als Salatzugabe. Eine weitere traditionelle Verarbeitung der Früchte ist der Brombeerwein, häufig in Kombination mit Holunderbeeren.

Rezeptidee

Brombeer-Apfel-Streusel (siehe Seite 249)

Checkliste

- ✔ unreife Früchte führen zu Magenschmerzen
- ✔ Mittelrippe der Blattunterseite mit feinen Stacheln besetzt
- ✔ Blattform kann extrem variieren (zahlreiche Kreuzungen)
- ✔ jede Steinfrucht enthält zwei winzige Samen
- ✔ aus der Krone wachsen jedes Jahr neue Zweige
- ✔ sendet zähe, kriechende, unterirdische Wurzeln aus

Die Brombeere ist eine typische Heckenpflanze und verträgt eine ganze Reihe verschiedener Boden- und Lichtbedingungen.

Rubus idaeus

Himbeere

aufrechter, sommergrüner Strauch • schwach stachelige Zweige •
weit verbreitet • saftig süße, meist rote Spätsommerfrüchte

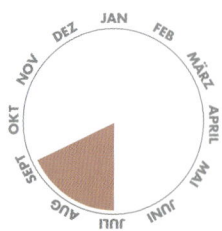

Art
Dieser mehrjährige Strauch hat bogig gewölbte,
verholzende Stängel und erreicht bis zu 2 m
Höhe, wobei er etwa 1,5 m breit wird.

Beschreibung
Diese starkwüchsige, mehrjährige Pflanze ist
meist nur spärlich mit Stacheln besetzt. Ihre
gelbe bis warm-braune Rinde schält sich ab.

Kleine, sternförmige, schmutzig weiße
Blüten erscheinen während der Som-
mermonate an der Blattachsel.

Die wechselständigen, handförmigen Blätter sind
drei- bis fünfzählig gelappt und 7–12 cm lang.
Sie sind oberseitig grün, unterseitig weiß-filzig
behaart und haben scharf gesägte Ränder. Die
kleinen, schmutzig-weißen oder weißlich-grünen,
nickenden Blüten sitzen in Trauben an den oberen Blattachseln und blühen zwischen Juni und
August. Im Spätsommer oder Frühherbst folgen
die Früchte.

Vorkommen
Die besten Orte, um nach Himbeeren zu suchen,
sind brachliegende Feldränder, Schutthalden,
Eisenbahndämme und Wassergräben. Suchen
Sie an feuchten Waldrändern, Lichtungen und,
wie zu erwarten, in Hecken. Sie kann in praller
Sonne oder lichtem Schatten wachsen, benötigt
aber feuchte Böden, um ihre Früchte zur Vollreife
zu bringen. Eine weit verbreitete Pflanze, die in
allen gemäßigten Zonen Europas zu finden ist.

Sammelzeit
Himbeersträucher stehen zwischen Juli und September in Blüte, der Erntemonat der Früchte ist
der September, doch wie bei allen attraktiven,

leckeren Beerenfrüchten muss man, je länger man wartet, umso mehr mit Vögeln und anderen Wildtieren konkurrieren. Obwohl sie nicht ganz so schwer mit Stacheln gerüstet ist wie die Brombeere, ist es dennoch ratsam Handschuhe und lange Ärmel zu tragen.

Geschmack

Der Geschmack der Blätter wird als herb beschrieben, während die Beeren bei voller Reife süß und saftig sind. Beim Pflücken zerfällt die Frucht – anders als bei der intakt bleibenden Brombeere – häufig in die einzelnen Steinfrüchtchen.

Verwendung

Himbeeren schmecken direkt vom Strauch gepflückt vorzüglich. Nehmen Sie den Rest mit nach Hause, um sie in Kuchen und Torten und zu Marmeladen, Gelees und Fruchtsaucen für Eiscreme zu verarbeiten. Darüber hinaus lässt sich aus den Früchten Himbeerwein und Himbeeressig zubereiten. Die jungen, zarten Triebe können geschält und roh als Salatzugabe dienen oder gedämpft und mit zerlassener Butter wie Spargel zubereitet werden. Die getrockneten Blätter sind ein beliebter Teeaufguss, mit anderen Kräutern kombiniert lassen sich eigene Teemischungen kreieren.

Rezeptidee

Beeren-Brûlée (siehe Seite 252)

Checkliste

- ✔ Zweige im ersten Jahr vegetativ, d. h. sie fruchten erst im zweiten Jahr
- ✔ dicht und wirr durcheinander wachsende Zweige
- ✔ Blattunterseite filzig behaart
- ✔ alte Zweige werden schuppig
- ✔ Himbeerfrüchte sind flaumig behaart

Auf die Blüten folgen die Früchte, die ab dem Spätsommer reifen und sich im Herbst rot färben.

Himbeere

Sambucus nigra

Schwarzer Holunder / Fliederbeere

großer Strauch oder kleiner Baum • stark aromatische Blüten •
korkartige Rinde • produziert ab dem Spätsommer zahlreiche Früchte

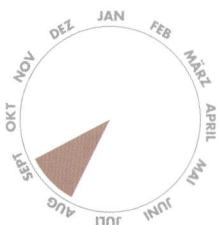

Heckenpflanzen

Art
Ein schnellwüchsiger, mehrjähriger, großer
Strauch oder kleiner Baum, der eine Höhe von
3–10 m erreicht.

Beschreibung
Die wechselständigen Blätter sind dunkelgrün
und in 5–7 schmale Fiederblätter unterteilt, die
2,5–9 cm lang sind und fein gesägte Ränder
haben. Die Rinde ist an der Basis braun, weiter
oben grau, tiefrissig und sieht korkartig aus. Die
kleinen, creme-weißen Blüten mit den gelben
Staubblättern erscheinen erst im Juni in flachen,
schirmförmigen Trugdolden und blühen bis Juli.
Aus der Entfernung riechen sie angenehm nach
Moschus, von Nahem etwas fischig. Die Beeren
sind erst grün, dann rotbraun und im Reifezustand schließlich von glänzender, purpur-schwarzer Farbe.

Vorkommen
Der Holunder ist eine weit verbreitete Pflanze
und mit großer Wahrscheinlichkeit in Hecken
zu finden oder auf Ödland, an Wegrändern, in
Gebüschen, Auen und feuchten Waldrändern.
Er mag nährstoffreiche, feuchte Böden und
sowohl lichten Schatten als auch volle Sonne.
Der Holunder ist in ganz Europa beheimatet.

Sammelzeit
Für den Sammler interessant sind die Blüten und
Früchte. Die Blüten sammelt man im Juni und
Juli, doch nur so viel wie nötig, damit sich der
Rest zu Beeren entwickeln kann. Die Früchte
können vom Spätsommer bis zum Frühherbst
(August–September) geerntet werden.

Die Beeren sind erst grün, dann rotbraun und vollreif schließlich von purpur-schwarzer Farbe.

Checkliste

✔ zerriebene Blätter strömen einen unangenehmen Geruch aus

✔ verträgt Luftverschmutzung

✔ Frucht ist im Durchmesser etwa 8 mm groß

✔ Blütenköpfe können von Insekten besetzt sein

✔ kommt häufig in Wassernähe vor

Geschmack

Die rohen Beeren schmecken bitter und sind nicht jedermanns Sache. Die Blüten hingegen sind roh verzehrt ein angenehmer, süßer Snack und gekocht ein süßaromatisches Würzmittel mit einem Hauch Muskateller.

Verwendung

Holunderbeeren werden frisch oder getrocknet zu Marmeladen, Gelees, Chutneys, Saucen, Kuchen, Torten und, selbstverständlich, zu Holunderwein verarbeitet. Die Frucht ist getrocknet weniger bitter. Von den Blüten sind keine Vergiftungsgefahren bekannt (siehe Achtung), sie können roh vernascht oder als Würzmittel zu Kompotts und Gelees gegeben werden. Die Blütenköpfe sind in einem Teig aus Mehl, Eiern und Wasser im Ölbad goldbraun ausgebacken – mit Zucker und frischer Minze – einfach köstlich.

Die kleinen, creme-weißen Blüten erscheinen erst im Juni. Sie sitzen in dicht geballten, nahezu flachen Trugdolden.

Getrocknet ergeben die Blüten einen süßen Tee, der insbesondere für Frauen in den Geburtswehen zuträglich sein soll.

Rezeptidee

Holunderblüten-Stachelbeer-Pudding (siehe Seite 253)

Achtung

Die Blätter und Zweige des Holunders sind giftig. In den Früchten ist die toxische Substanz, wenn überhaupt, in äußerst geringer Konzentration enthalten, die beim Kochen zerstört wird.

Schwarzer Holunder

REZEPTE

Auch wenn Sie vermutlich einige der in den vorausgegangenen Kapiteln vorgestellten Pflanzen bereits kannten und ein paar bestimmt schon mehrmals in der Küche verwendet haben, bietet Ihnen das folgende Kapitel hoffentlich eine Reihe neuer Rezeptideen, die altbekannte mit weniger bekannten Zutaten kombinieren.

Bärlauch-Pasta

Ergibt 4 Portionen
Vorbereitungszeit 15 Min.
Kochzeit 30–40 Min.

100 ml Olivenöl,
   zzgl. etwas für die Pasta

300 g Pasta

375 g Zwiebeln, in feinen Streifen

4 Bärlauchzwiebeln, zerstoßen

500 g rote und gelbe Paprika, Kerne
   und Rippen entfernt und geviertelt

500 g reife Tomaten oder 400 g
   gehackte Tomaten aus der Dose

Salz und Pfeffer

1 In einem großen Topf mindestens 1,8 l leicht gesalzenes Wasser zum Kochen bringen. Ein wenig Öl zugeben und die Pasta 8–10 Minuten gar kochen. Abgießen und warm stellen.

2 In der Zwischenzeit das Öl in einer schweren Pfanne erhitzen, die Zwiebeln und den Bärlauch anbraten, bis sie etwas Farbe angenommen haben. Die Paprikas zugeben, zudecken und bei mittlerer Hitze 10–12 Minuten garen.

3 Die Tomaten zugeben und großzügig salzen und pfeffern. Unbedeckt weiterkochen, bis die Paprikas zart sind und die Flüssigkeit zu einer dicken Sauce eingekocht ist. Abschmecken, über die Pasta geben und servieren.

Schokoladen-**Kastanien**-Trüffel

Ergibt ca. 24 Trüffel
Vorbereitungszeit 20 Min.,
    zzgl. Abkühlzeit
Kochzeit 10 Min.

250 g Bitterschokolade, gehackt

125 g pürierte Esskastanien

50 ml Weinbrand

1 TL Vanilleextrakt

125 ml Crème double

**Kakaopulver, fein gehackte
    Paranüsse oder fein geriebene
    Schokolade zum Bestäuben**

1 Die Schokolade in eine hitzefeste Schüssel geben und auf einen mit heißem Wasser gefüllten Topf setzen. Achten Sie darauf, dass die Schüssel das Wasser nicht berührt. Die Schokolade schmelzen, dabei ein- bis zweimal umrühren.

2 Das Kastanien-Püree in eine Schüssel geben, die flüssige Schokolade und die restlichen Zutaten untermischen. Die Masse abkühlen lassen, bis sie formbar ist.

3 Aus der Masse walnussgroße Bälle formen und mit dem Kakaopulver, Paranüssen oder der Schokolade bestäuben. Die Trüffel halten sich im Kühlschrank etwa eine Woche.

Walnuss-Käse-Pasta

Ergibt 4 Portionen
Vorbereitungszeit 10 Min.
Kochzeit 15 Min.

4 EL Olivenöl,
  zzgl. etwas für die Pasta

300g Pasta

2 Knoblauchzehen, gehackt

125g Walnüssse, grob zerbrochen

2 Eiertomaten, in Spalten geschnitten

50g Camembert,
  in Stücke geschnitten

50g Gruyère Käse, gerieben

1 Bund Schnittlauch, gehackt

Salz

1 In einem großen Topf mindestens 1,8l leicht gesalzenes Wasser zum Kochen bringen. Etwas Öl zugeben und die Pasta 8–10 Minuten gar kochen. Abgießen und warm stellen.

2 In der Zwischenzeit das Öl in einem beschichteten Topf erhitzen, Knoblauch, Walnüsse und Tomaten unter Rühren 1 Minute anbraten.

3 Die abgegossene Pasta zur Walnuss-Sauce geben und untermischen. Die Hitze reduzieren.

4 Beide Käsesorten und den Schnittlauch, bis auf 2 Esslöffel, zugeben und gründlich unter die Pasta mischen. Auf vorgewärmte Teller geben, mit dem restlichen Schnittlauch bestreuen und servieren.

Oliven-Orangen-Salat

Ergibt 4 Portionen
Vorbereitungszeit 10–15 Min.
Kochzeit 5 Min.

2 EL Kreuzkümmelsamen

4 große Orangen

125 g Oliven, entsteint und halbiert

50 ml Olivenöl

1 EL Harissa-Paste (wahlweise)

**1 knackiger Kopfsalat,
in mundgerechte Stücke gezupft**

Salz

Dillzweige zum Garnieren

1 Eine kleine, schwere Pfanne erhitzen und den Kreuzkümmel trocken rösten, bis er aromatisch duftet. Im Mixer oder der Mühle zu Pulver mahlen.

2 Die Schale einer Orange mit dem Zestenreißer abschälen und beiseitestellen.

3 Die Orangen mit einem scharfen Messer einschließlich der weißen Haut schälen, die einzelnen Segmente ausschneiden und die Kerne entfernen (den Saft auffangen).

4 Die Oliven und Orangen mit dem Saft in eine Schüssel füllen. Das Öl, ggf. die Harissa-Paste und den Kreuzkümmel vermischen und nach Belieben salzen. Das Dressing auf die Oliven und Orangen geben und untermischen.

5 Die Salatblätter auf einem Servierteller anrichten. Die Orangen-Oliven-Mischung darauf verteilen, mit der Zitrusschale und den Dillzweigen garnieren und servieren.

Arame-**Mandel**-Risotto

Ergibt 4 Portionen
Vorbereitungszeit 10 Min.
Kochzeit 30 Min.

1,5 l Gemüsebrühe

1 Prise Safranfäden

2 Lorbeerblätter

25 g getrocknete Steinpilze, gehackt

2 TL getrocknete Arame-Algen, zerkrümelt

3 TL Fleischbrühpulver

1 EL Avokadoöl

2 EL Kokosöl

1 kleine Zwiebel, fein gehackt

2 Knoblauchzehen, fein gehackt

375 g Arborio-Reis

500 ml trockener Weißwein

50 g geröstete Pinienkerne

125 g tiefgekühlte Erbsen

4 EL gemahlene Mandeln

1 EL gehacktes Basilikum

Salz und Pfeffer

Hanföl zum Servieren

1 Die Gemüsebrühe in einen großen Topf füllen, aufkochen und die Hitze reduzieren. Safran, Lorbeerblätter, Pilze, Algen und 1 TL Fleischbrühpulver hineingeben, umrühren und sanft köcheln lassen.

2 Das Avokadoöl und 1 Teelöffel des Kokosöls in eine große, beschichtete Pfanne geben, Zwiebel und Knoblauch glasig dünsten. Den Reis einfüllen, gründlich unterrühren und etwa 5 Minuten anbraten, jedoch nicht braun werden lassen.

3 Anschließend eine Kelle Brühe einfüllen und 2–3 Minuten umrühren. Sobald der Reis die Brühe absorbiert hat, eine weitere Kelle einfüllen und so fortfahren, d.h. einfüllen, rühren und absorbieren lassen.

4 Den Wein glasweise hinzufügen und unter ständigem Rühren auf kleiner Flamme kochen.

5 Sobald der Reis gar ist, das restliche Kokosöl, die Pinienkerne und die Erbsen unterrühren, salzen und pfeffern.

6 Die Lorbeerblätter entfernen und die restliche Brühe mit den Algen und den Pilzen angießen. Den Reis vom Herd nehmen, kräftig umrühren, zudecken und 5 Minuten ziehen lassen.

7 Die gemahlenen Mandeln erwärmen und mit dem restlichen Fleischbrühpulver mischen. Das Basilikum unter den Risotto mischen und in eine vorgewärmte Servierschüssel umfüllen. Mit den gemahlenen Mandeln bestreuen, pfeffern und mit dem Hanföl beträufeln.

Kirsch-Clafoutis

Ergibt 4 Portionen
Vorbereitungszeit 15 Min.
Backzeit ca. 30 Min.

500 g reife Kirschen

15 g Butter

Puderzucker zum Bestäuben

Teig

75 g Mehl

25 g Zucker

3 Eier

225 ml Milch

ein paar Tropfen Vanilleextrakt

1 Die Kirschen entsteinen, den Saft auffangen.

2 Für den Teig alle Zutaten mischen und verquirlen.

3 Eine Souffléform (1,5–1,8 l) mit der Butter einfetten und ein paar Minuten erhitzen. Die Kirschen samt Saft einfüllen und mit dem Teig übergießen.

4 Im vorgeheizten Ofen, bei 200 °C oder auf Gasstufe 6, etwa 30 Minuten backen, bis der Teig schön aufgegangen ist. Mit Puderzucker bestäuben und sofort servieren.

Rezepte

Steinpilz-Pfannkuchen

Ergibt 4 Portionen
Vorbereitungszeit 15 Min.,
zzgl. 30 Min. Ruhezeit
Kochzeit 40 Min.

**50 g Mozzarella,
gerieben oder fein gewürfelt**

Sonnenblumenöl zum Ausbacken

Salz und Pfeffer

Kerbelzweige zum Garnieren

Pfannkuchen

125 g Spinat

125 g Mehl

300 ml entrahmte Milch

1 Ei

gemahlene Muskatnuss

Füllung

25 g Steinpilze

1 EL Olivenöl

1 Zwiebel, gehackt

1 Knoblauchzehe, gehackt

250 g Champignons, geviertelt

1 EL Vollkornmehl

2 EL Sahne

1 Für den Pfannkuchen den Spinat kurz kochen, anschließend das Wasser herauspressen. Mit Mehl, Milch und Eiern in einen Mixer einfüllen, mit Salz, Pfeffer und nach Wunsch mit Muskatnuss würzen. Glatt mixen, in einen Krug umfüllen und 30 Minuten ruhen lassen.

2 In der Zwischenzeit die Füllung zubereiten. Die Steinpilze mit kochendem Wasser bedecken und 15 Minuten einweichen. Die Pilze abgießen und hacken, die Flüssigkeit aufbewahren.

3 Das Öl in einer beschichteten Pfanne erhitzen, die Zwiebel weich dünsten, Knoblauch, Champignons und Steinpilze zugeben und unter gelegentlichem Rühren 2 Minuten braten. Das Mehl unterrühren, 125 ml der aufbewahrten Pilzflüssigkeit einfüllen und unter Rühren eindicken lassen. Die Sahne unterrühren und nach Belieben würzen.

4 Etwas Öl in einer beschichteten Pfanne (Ø 15 cm) erhitzen und ein wenig Teig eingießen. Unterseitig golden ausbacken, wenden und die andere Seite backen. So fortfahren, bis der gesamte Teig aufgebraucht ist. Die Pfannkuchen auf einem vorgewärmten Teller aufschichten.

5 Je einen Esslöffel Pilzmischung auf einen Pfannkuchen geben, zusammenrollen und in eine flache, ofenfeste Form legen. Mit Mozzarella bestreuen und für etwa 15 Minuten im vorgeheizten Ofen, bei 190 °C oder Gasstufe 5, gründlich durchwärmen. Mit den Kerbelzweigen garnieren und sofort servieren.

Gemischter Salat mit **Lindenblättern** und Erdbeeren

Ergibt 4–6 Portionen
Vorbereitungszeit 10 Min.

**250 g gemischte Salatblätter
(z. B. Linde, Kapuzinerkresse,
Löwenzahn, Rucola, Endivie,
Eichblatt, Frisée, Radicchio,
Feldsalat)**

**eine Handvoll frische Kräuterzweige
mit Blüten (z. B. Fenchel,
Schnittlauch, Dill, Minze)**

250 g kleine Erdbeeren, entstielt

Salz und Pfeffer

Dressing

150 ml Naturjoghurt

1 EL Zitronensaft

1 TL klarer Honig

½ TL Dijon-Senf

Salz und Pfeffer

1 Die Blätter grob zerrupfen, in eine Salatschüssel oder einzelne Schalen füllen und mit den Kräutern bestreuen.

2 Die Erdbeeren halbieren, sehr kleine ganz lassen. Mit etwas Salz und Pfeffer zum Salat geben.

3 Für das Dressing alle Zutaten in einer kleinen Schlüssel glatt rühren. Nach Belieben salzen und pfeffern.

4 Das Dressing über den Salat gießen und locker untermischen. Sofort servieren.

Heidelbeer-Kuchen

Ergibt 6–8 Portionen
Vorbereitungszeit 25–30 Min.,
zzgl. Kühlzeit
Backzeit ca. 45 Min.

Teig

250 g Mehl

1 TL Salz

175 g Butter, gewürfelt

4–5 EL Eiswasser

Füllung

500 g Heidelbeeren

200 g Zucker

25 g Mehl

1 TL geriebene Orangenschale

¼ TL gemahlene Muskatnuss

2 EL Orangensaft

1 TL Zitronensaft

1 Für den Teig Mehl und Salz in eine Schüssel sieben. Die Butter einarbeiten und zu Streuseln verarbeiten. Anschließend so viel Wasser untermischen, bis der Teig elastisch und gut formbar ist. Zu einer Kugel formen, in Frischhaltefolie wickeln und mind. 20 Minuten kalt stellen.

2 Die Teigkugel halbieren. Eine Hälfte auf einer leicht bemehlten Arbeitsfläche ausrollen und eine Obstkuchen- oder Quicheform (Ø 20–23 cm) auslegen.

3 Für die Füllung die Heidelbeeren in eine Schüssel füllen und mit Zucker, Mehl, Orangenschale und Muskatnuss bestreuen. Mischen bis alles gleichmäßig verteilt ist, Orangen- und Zitronensaft dazugießen und nochmals mischen. Mit einem Löffel auf dem Teigboden verteilen und glatt streichen.

4 Die zweite Teighälfte auf einer leicht bemehlten Arbeitsfläche ausrollen und als Deckel verwenden. Die Ränder fest verschließen und die Oberfläche mit kleinen Einschnitten versehen. Im vorgeheizten Ofen, bei 180 °C oder Gasstufe 4, etwa 45 Minuten goldbraun backen. Warm oder kalt servieren.

Fettuccine mit **Pfifferlingen**

Ergibt 4 Portionen
Vorbereitungszeit 15 Min.
Kochzeit 30 Min.

**300 g Pfifferlinge, Morcheln oder
andere Wildpilze**

500 ml Hühnerbrühe

15 g Butter

**1 EL Olivenöl,
zzgl. etwas für die Pasta**

**1 Bund Frühlingszwiebeln,
fein gehackt**

4 EL trockener Weißwein

300 g frische grüne Fettuccine

**350 ml Schlagsahne
oder Crème fraîche**

2 EL geröstete Pinienkerne

Salz und Pfeffer

1 Die Pilze in feine Scheiben schneiden, aussortierte Haut- und Stielstücke aufbewahren.

2 Die Brühe in einem Topf zum Kochen bringen. Die Pilzstücke hineingeben und auf mittlerer Flamme kochen, bis die Flüssigkeit auf 125 ml eingekocht ist. Durch ein Sieb seihen und die groben Stücke wegwerfen.

3 Die Butter mit dem Öl in einer großen, beschichteten Pfanne zerlassen. Pilzscheiben und Frühlingszwiebeln hineingeben und unter Rühren anbraten, bis die Pilze ihre Flüssigkeit abgeben. Den Wein zugeben und auf großer Flamme kochen, bis die Flüssigkeit fast vollständig verdampft ist.

4 In der Zwischenzeit mindestens 1,8 l leicht gesalzenes Wasser in einem großen Topf zum Kochen bringen. Etwas Öl zugeben und die Pasta 4–8 Minuten gar kochen. Abgießen und warm stellen.

5 Die eingekochte Brühe und die Sahne oder Crème fraîche zur Pilzmischung geben, aufkochen und die Sauce bis auf die halbe Menge einkochen lassen. Nach Geschmack salzen und pfeffern. Die abgegossene Pasta und die Pinienkerne zugeben und gründlich unter die Sauce mischen. Sofort servieren.

Schwefelporling-Ragout

Rezepte

Ergibt 6 Portionen
Vorbereitungszeit 25 Min.
Kochzeit 1 Std.

3 EL Olivenöl

1 große rote Zwiebel, gewürfelt

500 ml Gemüsebrühe

250 ml Möhrensaft

**2 Steckrüben,
geschält und fein gewürfelt**

**500 g Kürbis,
geschält und fein gewürfelt**

**1 Butternusskürbis, etwa 500 g,
geschält und fein gewürfelt**

**500 g Schwefelporlinge,
sauber gewischt und entstielt**

**175 g entsteinte Backpflaumen,
grob gehackt**

½ TL getrockneter Thymian

½ TL getrockneter Majoran

Salz und Pfeffer nach Geschmack

**2 EL fein gehackte Petersilie
zum Garnieren**

1 Das Öl in einem großen, schweren Topf auf mittlerer Flamme erhitzen, die Zwiebelwürfel hineingeben und etwa 5 Minuten weich dünsten.

2 Brühe und Möhrensaft eingießen, die Flamme hochdrehen und aufkochen. Steckrüben und Kürbisse zugeben, die Hitze reduzieren und etwa 30 Minuten unbedeckt köcheln lassen.

3 Pilze, Backpflaumen und Kräuter hinzufügen und weitere 15–20 Minuten garen, bis das Gemüse zart ist. Nach Belieben salzen und pfeffern. In vorgewärmte Schalen füllen, mit Petersilie garnieren und servieren.

Wildpilz-Pastete

Ergibt 6 Portionen
Vorbereitungszeit 20 Min.
Koch-/Backzeit 40–45 Min.

250 g Tomaten aus der Dose

**375 g Birkenrotkappen und
  Maronenröhrlinge**

125 g geschälte Walnüsse

1 Möhre, fein gehackt

1 rote Zwiebel, gehackt

1 rote Paprika, entkernt und gehackt

1 EL gehackte Datteln

1 TL Senfpulver

500 g Blätterteig (ggf. aufgetaut)

1 EL Maismehl

1 TL Johannisbrotkernmehl

2 EL Rapsöl

1 TL Hefeextrakt

1 EL Balsamicoessig

1 EL gehackte Petersilie

1 TL Pfeffer

1 TL Sesam, zum Garnieren

1 Die Tomaten pürieren, in einen großen, schweren Topf füllen und aufkochen. Die Flamme herunterdrehen, Pilze, Walnüsse, Möhre, Zwiebel, Paprika, Datteln und Senfpulver hineingeben.

2 In der Zwischenzeit den Teig halbieren. Eine Hälfte 5 mm dick ausrollen und eine gefettete Quicheform (Ø 30 cm) damit auslegen. Im vorgeheizten Ofen, bei 180°C oder Gasstufe 4, etwa 7 Minuten vorbacken.

3 Die übrigen Zutaten in einem Krug vermengen und, unter ständigem Rühren, nach und nach zur Tomatenmischung geben, während diese eindickt.

4 Die Mischung mit einem Löffel auf dem Teigboden verteilen. Den restlichen Teig ausrollen und die Mischung damit bedecken. Die Ränder mit Wasser anfeuchten und fest verschließen.

5 Die Pastete mit Sesam bestreuen und 25–30 Minuten backen, bis der Teig aufgegangen und goldfarben ist.

Barbarakraut-Salat

Ergibt 6 Portionen als
    Vorspeise
Vorbereitungszeit 20 Min.
Zubereitungszeit 15 Min.

125 g Barbarakraut, ohne Stängel

**2 gelbe Paprika, gehäutet,
Kerne und Rippen entfernt**

6 runde Scheiben weißes Landbrot

**2 Knoblauchzehen,
halbiert und eingeritzt**

2–3 EL Olivenöl

**3 große Tomaten, geschält,
entkernt und halbiert**

1 EL gehacktes Basilikum

6 runde Scheiben Ziegenkäse

**8 gelbe und rote Kirschtomaten,
halbiert**

Pfeffer

Dressing

1–2 EL Zitronensaft

½ EL Weißweinessig

6 EL Olivenöl

1 Das Barbarakraut waschen, trocknen und auf einem Servierteller verteilen.

2 Die gelben Paprikas in lange Streifen schneiden und beiseitestellen.

3 Das Brot rösten und beidseitig mit den Knoblauchzehen einreiben. Mit ein wenig Öl beträufeln.

4 Die Brotscheiben mit je einer Tomatenhälfte belegen und mit gehacktem Basilikum bestreuen. Während das Brot noch heiß ist, mit je einer Scheibe Ziegenkäse belegen.

5 Für das Dressing alle Zutaten vermischen. Die Hälfte über das Barbarakraut gießen und locker mischen.

6 Die belegten Brotscheiben auf den Tellern anrichten, die halbierten Kirschtomaten und die gelben Paprikastreifen drumherum verteilen. Pfeffer über dem gesamten Teller mahlen und mit dem restlichen Dressing beträufeln.

Walderdbeeren-Eiscreme

Ergibt 8 Portionen
Vorbereitungszeit 20 Min.,
zzgl. Gefrierzeit

375 g Walderdbeeren

15 g Gelatine

450 ml Kondensmilch, gekühlt

175 g Zucker

2 EL Zitronensaft

8 Walderdbeeren zum Dekorieren

1 Die Erdbeeren im Mixer pürieren und durchsieben, um die Kerne zu entfernen. Dies sollte etwa 300 ml Püree ergeben.

2 Die Gelatine in einer kleinen Schüssel in 3 Esslöffel Wasser einweichen und auf einen Topf mit köchelndem Wasser setzen. Unter Rühren auflösen und zum Erdbeer-Püree geben.

3 Die Kondensmilch schlagen, bis sie dick ist, Zucker, Erdbeer-Püree und Zitronensaft hinzufügen. In einen gefrierfesten Behälter umfüllen, verschließen und 1 Stunde in den Gefrierschrank stellen.

4 Aus dem Gefrierschrank nehmen, gründlich umrühren und wieder einfrieren, bis alles fest ist. Etwa 1 Stunde vor dem Servieren in den Kühlschrank stellen. Mit den Walderdbeeren dekorieren und servieren.

Rezepte

Petersilien-Kräuter-Salat

Ergibt 4 Portionen
Vorbereitungszeit 10 Min.,
zzgl. Einweichzeit

50 g Bulgurweizen, gewaschen

2 Bund Frühlingszwiebeln, gehackt

2 Tomaten, gehäutet,
entkernt und gehackt

50 g Petersilienblätter, gehackt

4 EL gehackte Minze

3 EL Olivenöl

3 EL Zitronensaft

Salz und Pfeffer

Romana-Salatherzen-Blätter
zum Garnieren

1 Den Bulgurweizen in einer Schüssel in kaltem Wasser 30 Minuten einweichen, abgießen und das Restwasser herauspressen. In eine saubere Schüssel füllen und mit den Frühlingszwiebeln mischen.

2 Die Tomaten und Kräuter hinzufügen, mit Salz und Pfeffer würzen und gründlich mischen. Das Olivenöl und den Zitronensaft unterrühren. In einer flachen Schale aufschichten und mit den Salatblättern garnieren.

Brunnenkresse-Suppe

Ergibt 6 Portionen
Vorbereitungszeit 15 Min.
Kochzeit 40 Min.

200 g Brunnenkresse

40 g Butter

1 EL Olivenöl

1 Kartoffel, geschält und gewürfelt

900 ml heiße Hühnerbrühe

150 ml Crème double

Salz und Pfeffer

1 Von der Brunnenkresse 6 Zweige beiseitelegen, den Rest grob hacken.

2 Die Butter in einem großen, schweren Topf erhitzen, die gehackte Brunnenkresse zugeben und 5 Minuten sanft anbraten. Die Kartoffel hinzufügen und unter häufigem Rühren weitere 5 Minuten braten.

3 Die Brühe angießen, aufkochen und nach Geschmack salzen und pfeffern. 25 Minuten köcheln lassen, vom Herd nehmen und etwas abkühlen lassen.

4 Die Suppe pürieren, Crème double zugeben und in einem Topf langsam erhitzen. In vorgewärmte Suppenteller einfüllen, mit je einem Brunnenkresse-Zweig garnieren und servieren.

Rezepte

Ausgebackene **Beinwellblätter**

Ergibt 4 Portionen
Vorbereitungszeit 15 Min.
Kochzeit 12 Min.

Beinwellblätter

Pflanzenöl zum Ausbacken

Zitronenspalten zum Garnieren

Teig

125 g Mehl

eine Prise Salz

2 EL Sonnenblumenöl

**150 ml Mineralwasser
(mit Kohlensäure)**

1 Eiweiß

1 Die Blattstiele stutzen, die Blätter behutsam unter kaltem, fließendem Wasser abspülen, ausschütteln und auf Küchenpapier abtropfen lassen.

2 Kurz vor dem Servieren einen großen Topf mit Pflanzenöl auf 180 °C erhitzen bzw. bis ein Brotwürfel innerhalb von 20 Sekunden braun ist.

3 In der Zwischenzeit den Teig zubereiten. Das Mehl mit dem Salz in eine Küchenmaschine sieben. Während des Betriebes das Öl einfüllen, dann nach und nach das Mineralwasser eingießen und erst ausschalten, wenn der Teig eine dick-cremige Konsistenz hat. Das Eiweiß steif schlagen und unter den Teig heben.

4 Die Blätter einzeln in den Teig tunken, Restteig abschütteln und in das heiße Öl geben. Immer mehrere Blätter gleichzeitig etwa 3 Minuten ausbacken, herausfischen und auf Küchenpapier abtropfen lassen, während die nächsten Blätter drankommen. Die abgetropften Blätter auf einen vorgewärmten Teller geben. Mit Zitronenspalten sofort servieren.

Schwarze Bohnensuppe mit **Koriander**

Ergibt 4−6 Portionen
Vorbereitungszeit 15 Min.,
    zzgl. Abkühlzeit
Kochzeit 1 ¾ Std.

**500 g getrocknete schwarze Bohnen,
    über Nacht eingeweicht**

3 EL Olivenöl

1 große rote Zwiebel, fein gehackt

**3 große Knoblauchzehen,
    fein gehackt**

**3 rote Chilis,
    entkernt und fein gehackt**

2 EL Tomatenmark

**600 ml heiße Hühner- oder
    Gemüsebrühe**

eine Prise Cayennepfeffer

1½ EL Limettensaft

Salz und Pfeffer

Zum Garnieren

**150 ml Crème fraîche
    oder Saure Sahne**

3−4 EL gehackter Koriander

1 Die Bohnen abgießen und mit frischem, kaltem Wasser bedecken. Zum Kochen bringen, 10 Minuten kochen lassen, die Hitze reduzieren und 50 Minuten sanft köcheln lassen, bis die Bohnen weich sind. 1 Stunde abkühlen lassen und durch ein Sieb in eine große Schüssel abgießen. Etwa 500 g der gekochten Bohnen beiseitestellen, den Rest mit 600 ml der Kochflüssigkeit im Mixer pürieren. Die restliche Bohnenbrühe aufbewahren.

2 Das Öl in einem großen, schweren Topf erhitzen, die gehackte Zwiebel 5−6 Minuten anbraten. Knoblauch und Chilis zugeben und unter häufigem Rühren 2−3 Minuten braten. Das Tomatenmark hinzufügen und unter Rühren 4−5 Minuten kochen. Die Brühe angießen, aufkochen und 30 Minuten köcheln lassen.

3 Die pürierten und die ganzen Bohnen unterrühren und mit Cayennepfeffer, Salz und Pfeffer nach Geschmack würzen. Ist die Suppe zu dick, einfach etwas Kochflüssigkeit dazugeben. Den Limettensaft unterrühren. Wenn möglich, ein paar Stunden ziehen lassen, damit sich die Aromen entfalten und verbinden Zum Servieren wieder aufwärmen.

4 Die Suppe in vorgewärmte Suppenteller füllen, mit einem Klecks Crème fraîche und mit Koriander bestreut servieren.

Wildpilze im Reisring

Ergibt 3–4 Portionen
Vorbereitungszeit 15 Min.
Kochzeit 1 Std.

50 g Wildreis

50 g Basmatireis

50 g gerösteter Buchweizen

Füllung

4 EL Olivenöl

4 Schalotten, gehackt

2 Knoblauchzehen, fein gehackt

375 g gemischte Wildpilze,
  in grobe Stücke geschnitten

125 g grob gehackte Petersilie

Salz und Pfeffer

Sauce

150 ml Saure Sahne

150 ml Naturjoghurt

1 Den Wildreis 40–45 Minuten in 750 ml leicht gesalzenem Wasser kochen. Den Basmatireis nur 10 Minuten, ebenfalls in 750 ml leicht gesalzenem Wasser, kochen. Den Buchweizen in 175 ml leicht gesalzenem Wasser etwa 14 Minuten bedeckt kochen, bis er das Wasser absorbiert hat. Alle Körner gründlich mischen und in eine Ringform (1,2 l) hineindrücken. Mit Alufolie abdecken und in den warmen Ofen stellen.

2 Das Öl in einer beschichteten Pfanne erhitzen und die Schalotten 2 Minuten anbraten. Knoblauch zugeben, 1 Minute mitbraten und die Pilze hinzufügen. Locker mischend etwa 8 Minuten dünsten, bis die Pilze weich sind. Petersilie unterrühren und mit Salz und Pfeffer würzen.

3 Für die Sauce die saure Sahne mit dem Joghurt mischen und glatt rühren.

4 Den Reisring auf einen flachen Teller stürzen und ein paar Löffel Pilze in die Mitte geben. Den Rest der Pilze und die Sauce in zwei separaten Schüsseln (bei Raumtemperatur) servieren.

Rainfarn-Pudding

Ergibt 4 Portionen
Vorbereitungszeit 15 Min.,
  zzgl. Ruhezeit
Backzeit 45–50 Min.

50 g weiche Weißbrotkrumen

300 ml Sahne

4 Eier, verquirlt

150 ml Spinatsaft

2 EL gehackte Rainfarnblätter

2 EL Zucker

½ TL gemahlene Muskatnuss

1 Die Brotkrumen in eine Schüssel geben. Die Sahne aufkochen, über das Brot gießen und 15 Minuten bedeckt ziehen lassen.

2 Eier, Spinatsaft, Rainfarn, Zucker und Muskatnuss unter das Brot rühren. Die Mischung in eine gebutterte Form einfüllen und im vorgeheizten Ofen, bei 160 °C oder Gasstufe 3, etwa 45–50 Minuten backen, bis sie fest ist.

Rezepte

Birnen-**Wegwarten**-Bruschetta mit Gorgonzola

Ergibt 8 Portionen
Vorbereitungszeit 15 Min.
Kochzeit 15 Min.

2 Wegwartenköpfe

50 g Butter

**2 große, reife Birnen, entkernt
und in Scheiben geschnitten**

**4 Scheiben Ciabatta-Brot,
vorzugsweise 1 Tag alt**

1 ganze Knoblauchzehe, gepellt

2 EL Walnussöl

175 g Gorgonzola, gewürfelt

1 Die Außenblätter der Wegwarte wegwerfen, die Köpfe jeweils längs in vier Scheiben schneiden.

2 Die Hälfte der Butter in einer großen, beschichteten Pfanne zerlassen und die Birnenscheiben 2–3 Minuten braten, bis sie beidseitig leicht gebräunt sind. Mit einem Schaumlöffel herausnehmen und beiseitestellen.

3 Die restliche Butter in die Pfanne geben und die Wegwartenscheiben beidseitig etwa 5 Minuten weich und golden braten.

4 In der Zwischenzeit die Brotscheiben halbieren und unter dem vorgeheizten Grill 1 Minute beidseitig rösten. Beide Seiten mit der Knoblauchzehe einreiben und großzügig mit Walnussöl beträufeln.

5 Die Bruschettas mit den Wegwarten- und Birnenscheiben belegen, mit den Käsewürfeln bestreuen und nochmals für 1–2 Minuten unter den Grill schieben, bis der Käse Blasen schlägt und golden ist. Sofort servieren.

Geschmorter **Riesenbovist** nach chinesischer Art

Ergibt 4 Portionen
Vorbereitungszeit 15 Min.
Kochzeit 15 Min.

250 g fester Tofu

4 EL Pflanzenöl

2–3 EL in feine Streifen geschnittener Riesenbovist

125 g Möhren, geschält und in Streifen geschnitten

125 g Zuckererbsen, Spitzen abgeknipst

125 g Chinakohl in Streifen

125 g Bambussprossen in Scheiben oder ganze Kolben Mini-Zuckermais

1 TL Zucker

1 EL helle Sojasauce

1 TL Maismehl

1 EL Wasser

1 TL Sesamöl zum Abrunden (wahlweise)

Salz

1 Den Tofu in kleine Stücke schneiden und für 2–3 Minuten in einen Topf mit leicht gesalzenem, kochendem Wasser geben. Mit einem Passierlöffel herausnehmen und abtropfen lassen.

2 Etwa die Hälfte des Öls in einem schweren Topf erhitzen, die Tofustücke ringsherum hellbraun anbraten und wieder herausnehmen.

3 Das restliche Öl in den Topf geben, Gemüse und Pilze hineingeben und etwa 1–2 Minuten unter Rühren anbraten. Den Tofu, 1 TL Salz, den Zucker und die Sojasauce hinzufügen und gut umrühren. Zudecken, die Hitze reduzieren und 2–3 Minuten schmoren.

4 Das Maismehl mit dem Wasser glatt rühren. Über das Gemüse geben und umrühren. Die Flamme wieder hochdrehen, die Sauce eindicken lassen und mit dem Sesamöl beträufeln. Kurz umrühren und sofort servieren.

Scharfer **Platterbsen**-Salat mit Hühnerstreifen

Ergibt 4 Portionen als Vorspeise
oder 2 als Hauptgang
Vorbereitungszeit 10 Min.
Kochzeit 10–13 Min.

3 EL Olivenöl

**2 Hühnerbrüste,
in Streifen geschnitten**

**125 g geschälter Butternusskürbis,
gewürfelt**

**125 g gekochte, geschälte
Berg-Platterbsen**

1 TL zerstoßene, getrocknete Chilis

1 Romanasalat

eine Handvoll Rucola

**ein kleiner Bund glattblättrige
Petersilie**

1 Zucchini, geraspelt

Salz und Pfeffer

1 Das Öl in einer großen Pfanne erhitzen, Hühnerstreifen und Kürbiswürfel hineingeben und 8–10 Minuten anbraten, bis das Fleisch gebräunt und der Kürbis weich aber formfest ist.

2 Die Platterbsen halbieren und mit den Chilis in die Pfanne geben. Weitere 2–3 Minuten kochen, bis die Platterbsen heiß sind. Mit Salz und Pfeffer abschmecken und an einem warmen Ort beiseitestellen.

3 Die Salatblätter zerrupfen und in eine große Schüssel geben. Rucola, Petersilienblätter und die geraspelte Zucchini untermischen. Kurz vor dem Servieren die heiße Kürbis-Huhn-Mischung zugeben.

Ergibt 2 Portionen
Vorbereitungszeit 5 Min.
Kochzeit 20–25 Min.

2 goße Parasolpilze

2 EL Olivenöl,
  zzgl. etwas zum Einfetten

2 Frühlingszwiebeln, gehackt

½ rote Paprika, entkernt und gehackt

1 kleine Zucchini, gehackt

4 entsteinte Oliven, gehackt

2 EL Haferflocken

1 EL gehacktes Basilikum

1 EL Sojasauce

1 EL Limettensaft

Salz und Pfeffer

Gemischte Salatblätter
  zum Servieren

1 Die Pilze mit feuchtem Küchenpapier abwischen, die Stiele abtrennen und hacken.

2 Das Öl in einer beschichteten Pfanne erhitzen. Die gehackten Pilzstiele, Frühlingszwiebeln, Paprika, Zucchini, Oliven und Haferflocken sachte anbraten, bis die Haferflocken golden sind. Basilikum, Sojasauce und Limettensaft unterrühren.

3 Die Pilzhüte leicht einölen und mit den Lamellen nach unten auf ein Backblech legen. Die Haferflockenmischung mit einem Löffel auf die Pilze geben, salzen, pfeffern und im vorgeheizten Ofen, bei 180 °C oder Gasstufe 4, etwa 15–20 Minuten braten, bis die Pilzhüte weich werden.

4 Die heißen Pilze auf einem Bett aus Salatblättern sofort servieren.

Rötelritterling-Körbe

Ergibt 2 Portionen
Vorbereitungszeit 15 Min.
Kochzeit 15 Min.

4 EL Avocadoöl

1 rote Zwiebel, gehackt

**375 g Rötelritterlinge,
Stiele fein gehackt**

5 g Pinienkerne

2 Knoblauchzehen, fein gehackt

25 ml Weinbrand

50 ml Gemüsebrühe

1 EL Sojasauce

**8 Bögen Filo-Teig,
in Quadraten zu je 30 cm**

**75 ml Sojacreme,
zzgl. etwas zum Beträufeln**

**1 EL süße Chilisauce,
zzgl. etwas zum Beträufeln**

1 EL Ahornsirup

**1 Limette, in Scheiben,
zum Garnieren**

1 Zwei Esslöffel Öl in einem schweren Topf erhitzen. Zwiebel, Pilze, Pinienkerne und Knoblauch goldbraun anbraten. Weinbrand, Brühe und Sojasauce unterrühren, vom Herd nehmen und beiseitestellen.

2 Einen Bogen Filo-Teig mit etwas Öl bepinseln, einen weiteren Bogen drauflegen und ebenfalls einölen. In der Mitte durchschneiden und die eine Lage quer über die andere Lage legen, sodass ein achteckiger Stern entsteht.

3 Den Teigstern blind backen, z. B. über einer kleinen, in Alu gewickelten Ofenkartoffel. Mit Öl bepinseln und auf ein Backblech legen. Mit den restlichen Filo-Teig-Bögen ebenso verfahren, bis Sie die Basis für 4 Teigkörbe haben. Im vorgeheizten Ofen, bei 180 °C oder Gasstufe 4, etwa 10 Minuten braun und knusprig backen.

4 Die Sojacreme unter die Pilze rühren, Chilisauce und Ahornsirup untermischen und zum Köcheln bringen.

5 Die Körbchen vorsichtig von ihrem Untergrund lösen und mit der Pilzmischung befüllen. Jedes Körbchen mit etwas Sojacreme und Chilisauce beträufeln und mit einer Limettenscheibe garniert servieren.

Fischsuppe mit **Wildem Majoran**

Ergibt 6 Portionen
Vorbereitungszeit 20 Min.
Kochzeit 1¼ Std.

1½ EL Olivenöl

25 g Butter

1 kleine Zwiebel, gehackt

1 Lauchstange, gehackt

1 Möhre, gehackt

1 Selleriestange, gehackt

1 Knoblauchzehe

2 Tomaten, gehackt

1 kleines Lorbeerblatt, zerkrümelt

½ EL Kräuter der Provence

1–1¼ kg gemischter weißer Fisch,
   in mundgerechte Stücke geschnitten

4 EL Wodka

1 l sehr heißes Wasser

eine Prise Safran

1 EL gehackter Wilder Majoran

1 EL gehackter Thymian

½ TL zerstoßene rote Pfefferkörner

Salz und Pfeffer

6 Scheiben Baguette,
   im Ofen geröstet, zum Servieren

1 Das Öl und die Butter in einem schweren Topf erhitzen, das Gemüse 3 Minuten braun anbraten. Knoblauch, Tomaten, Lorbeerblatt und Kräuter zugeben. Mit Salz und Pfeffer abschmecken und weitere 3 Minuten kochen. Den Fisch hinzufügen und gründlich unterrühren. Mit dem Wodka übergießen und unter Rühren 2–3 Minuten leise köcheln lassen. Das heiße Wasser einfüllen und langsam aufkochen. Zudecken und 1 Stunde köcheln lassen.

2 Gegen Ende der Kochzeit den Safran in eine kleine Schüssel geben, zwei Löffel der heißen Brühe einfüllen und ziehen lassen. Die fertig gekochte Suppe etwas abkühlen lassen. Anschließend gröbere, grätige Fischstücke herausnehmen und wegwerfen. Die besseren Fischstücke zerkleinern (Gräten und Haut wegwerfen) und den Rest durch ein grobes Sieb streichen.

3 Die Suppe in einen sauberen Topf geben, das Safranwasser zugeben und wieder aufwärmen. Wenn nötig, mit Salz und Pfeffer abschmecken. Den aufbewahrten Fisch mit dem Wilden Majoran, Thymian und den Pfefferkörnern unterrühren.

4 In vorgewärmte Suppenteller füllen und mit Baguette servieren.

Schlangenknöterich-Kichererbsen-Sabzi

Ergibt 4 Portionen
Vorbereitungszeit 5 Min.
Kochzeit 20 Min.

1 EL Pflanzenöl

1 TL Kreuzkümmelsamen

½ TL grob gemahlene
Koriandersamen

1 kleine Zwiebel, fein gehackt

250 g frischer Schlangenknöterich

200 g gehackte Tomaten aus der Dose

1 TL Chilipulver

1 EL Dhana Jeera (Gewürzmischung)

1 TL Amchur
(getrocknetes Mangopulver)

1 TL brauner Zucker

1 EL frischer Limettensaft

400 g Kichererbsen aus der Dose,
abgetropft und gespült

175 ml Wasser

Salz und Pfeffer

1 Das Öl in einer großen, beschichteten Pfanne erhitzen, Kreuzkümmel- und Koriandersamen und die Zwiebel hineingeben. Unter Rühren anbraten, bis die Zwiebel weich und hellbraun ist, dann den Schlangenknöterich und die Tomaten unterrühren.

2 Chilipulver, Dhana Jeera, Amchur, Zucker und Limettensaft zugeben und umrühren. 1–2 Minuten kochen, dann die Kichererbsen und das Wasser einfüllen. Salzen, pfeffern, zudecken und unter gelegentlichem Rühren 10 Minuten sanft köcheln lassen. Heiß servieren.

Blätterteigpastete mit **Pflaumen** und Mandeln

Ergibt 6 Portionen
Vorbereitungszeit 15 Min.
Backzeit 35–40 Min.

1 kg Pflaumen, halbiert und entsteint

2 EL Zitronensaft

50 g blanchierte Mandeln, gehackt

50 g Zucker

250 g Filo-Teig (ggf. aufgetaut)

50 g Butter, zerlassen

Puderzucker zum Bestäuben

1 Pflaumen, Zitronensaft, Mandeln und Kastorzucker in einer Schüssel vermischen.

2 Einen Filo-Teig-Bogen in eine gefettete Quicheform (Ø 20 cm) legen. Mit Butter bepinseln und einen weiteren Bogen quer darüberlegen. Mit den restlichen Teigbögen (bis auf 2 Stück) ebenso verfahren, d.h. aufschichten und einfetten, und jeweils quer über den vorigen Teig-Bogen legen. Die Bögen sanft in die Form hineindrücken und die Ränder überhängen lassen.

3 Die Pflaumenmischung auf den Teig geben, mit den 2 letzten Bögen Filo-Teig bedecken und mit Butter einpinseln. Die ringsherum überhängenden Teigränder einschlagen.

4 Die Pastete mit der restlichen Butter bepinseln und im vorgeheizten Ofen, bei 190 °C oder Gasstufe 5, etwa 35–40 Minuten goldbraun und knusprig backen. Mit Puderzucker bestäuben und warm oder kalt servieren.

Sauerampfer-Salat

Ergibt 4 Portionen
Vorbereitungszeit 15 Min.

2 kleine Kopfsalate

**10 Sauerampferblätter,
 in Streifen geschnitten**

10 Kerbelzweige

**Blütenblätter von
 5 Calendulablüten oder 10 ganze
 Kapuzinerkresseblüten**

Dressing

1 EL Zitronensaft

1 EL Weißweinessig

4 EL Olivenöl

eine Prise Zucker

eine Prise Senfpulver

Salz und Pfeffer

1 Die Salatköpfe in die einzelnen Blätter zerteilen, waschen und gut abtropfen lassen. In einer Schüssel aufschichten, Sauerampfer und Kerbel darauf verteilen.

2 Für das Dressing alle Zutaten vermengen. Über den Salat gießen und gründlich untermischen. Mit den Blütenblättern oder ganzen Blüten bestreuen und servieren.

Lustiger **Löwenzahn**-Salat

Ergibt 3 – 4 Portionen
  als Vorspeise
Vorbereitungszeit 15 Min.
Kochzeit 5 – 6 Min.

125 – 175 g Löwenzahnblätter

**4 dünne Scheiben durchwachsener
  Speck, ohne Schwarte, in Streifen
  geschnitten**

Pfeffer

Croûtons (wahlweise)

2 EL Sonnenblumenöl

**2 Scheiben trockenes Weißbrot,
  ohne Kruste**

**1 große Knoblauchzehe,
  halbiert und angeritzt**

Dressing

3 EL Sonnenblumenöl

1 EL Weißweinessig

1 Die Löwenzahnblätter unter fließendem Wasser abspülen, mit Küchen-papier trocken tupfen und in einer Schüssel locker aufschichten.

2 Den Speck knusprig braten und auf Küchenpapier abtropfen lassen.

3 Für die Croûtons das Öl erhitzen, die Brotscheiben darin knusprig braten. Auf Küchenpapier abtropfen lassen, beidseitig mit der Knoblauch-zehe einreiben und klein würfeln.

4 Für das Dressing das Öl mit dem Essig mischen. Croûtons und Speck über die Blätter streuen. Pfeffern und das Dressing übergießen. Gründlich mischen und noch warm servieren.

Rezepte

Thymian-Risotto

Ergibt 3–4 Portionen
Vorbereitungszeit 15 Min.
Kochzeit 20–25 Min.

3 EL Olivenöl

2 Schalotten, fein gehackt

1 Knoblauchzehe, fein gehackt

250 g Arborioreis (Risottoreis),
gespült und abgetropft

750 ml heiße Hühnerbrühe

1½ EL gehackte robuste Kräuter,
z. B. Thymian, Kerbel und Oregano

1 Prise Safran

1½ EL gehackte zarte Kräuter,
z. B. Dill, Kerbel und Estragon

40 g Parmesan, gerieben

1 Das Öl in einem schweren Topf erhitzen, die Schalotten 3 Minuten anbraten. Den Knoblauch zugeben und 1 weitere Minute braten.

2 Den Reis in den Topf geben, etwa 1 Minute lang unter das Öl rühren, die Hälfte der Brühe und die robusten Kräuter hinzufügen. Den Safran in eine kleine Schüssel geben, 2–3 Esslöffel der aufbewahrten, heißen Brühe einfüllen und beiseitestellen.

3 Den Reis etwa 8 Minuten unter Rühren köcheln lassen, bis dieser die Brühe fast vollständig absorbiert hat. Den Safran und die Hälfte der restlichen Brühe zugeben. Sobald diese absorbiert wurde, sollte der Reis zart sein. Andernfalls die restliche Brühe zugeben und ein paar Minuten fertig garen.

4 Kurz vor dem Servieren die zarten Kräuter zugeben, in eine Servierschale umfüllen und mit dem Parmesan bestreuen.

Gegrillter **Spargel**

Ergibt 1 Portion
Vorbereitungszeit 5 Min.
Kochzeit 10 Min.

25 g Butter,
 zzgl. Butter zum Beträufeln

1–2 EL Olivenöl,
 zzgl. etwas zum Beträufeln

6–8 Spargelstangen,
 harte Enden abgeschnitten

Salz und Pfeffer

¼ Zitrone, zum Garnieren

1 Die Butter mit dem Öl in einem kleinen Topf auf kleiner Flamme schmelzen. Die Spargelstangen in eine heiße Grillpfanne oder auf einen Grill legen und mit der Butter-Öl-Mischung bepinseln. Die Hitze etwas reduzieren und den Spargel etwa 5 Minuten, ohne ihn zu wenden, grillen, jedoch nicht anbrennen lassen.

2 Die Spargelstangen wenden, nochmals mit Butter und Öl bepinseln und weitere 5 Minuten grillen, bis sie zart, gebräunt und leicht erschlafft sind.

3 Den Spargel mit einer Zange vom Grill nehmen und auf einen vorgewärmten Teller legen. Mit Salz und Pfeffer würzen und mit Zitronenscheiben garnieren. Mit ein wenig Olivenöl oder Butter beträufeln und sofort servieren.

Rezepte

Borretsch-Kuchen

Ergibt 4 Portionen
Vorbereitungszeit 20 Min.,
    zzgl. Kühlzeit
Backzeit insg. 40 Min.

Teig

175 g Mehl, gesiebt

½ TL Zucker

75 g Butter, gewürfelt

2–3 EL Eiswasser

Füllung

300 ml Sahne

3 Borretschblüten

3 Eigelb

50 g Zucker

1 Eiweiß, steif geschlagen

1 Für den Teig Mehl, Zucker und Butter in eine Schüssel geben und mit den Fingern zu feinen Streuseln verarbeiten. In Frischhaltefolie wickeln und 30 Minuten kalt stellen.

2 Den Teig auf einer leicht bemehlten Arbeitsfläche ausrollen und eine Springform (Ø 20 cm) damit auslegen. Mit einer Gabel mehrmals einstechen und im vorgeheizten Ofen, bei 190 °C oder Gasstufe 5, 15–20 Minuten blind backen, z. B. mit zerknüllter Alufolie ausfüllen und mit Bohnen beschweren.

3 In der Zwischenzeit die Füllung zubereiten. Sahne mit Borretsch in einem kleinen Topf langsam erhitzen. Sobald sie heiß ist, jedoch noch nicht kocht, vom Herd nehmen und 10 Minuten bedeckt ruhen lassen. Die Eigelbe mit dem Zucker schlagen, die Sahne nochmals erwärmen und durch ein Sieb zu den Eiern gießen, dabei kräftig schlagen. Das Eiweiß unterheben und die Mischung auf den Teig gießen. 20 Minuten backen, bis die Masse aufgegangen und goldbraun ist. Sofort servieren.

Guter Heinrich mit Pinienkernen

Ergibt 4 Portionen
Vorbereitungszeit 15 Min.
Kochzeit 10–12 Min.

5 EL Olivenöl

50 g Pinienkerne

1 große Zwiebel, fein gehackt

2 Knoblauchzehen, zerdrückt

1 kg kleine Blätter Guter Heinrich

**der Saft von 1 Orange und die
geriebene Schale von ½ Orange**

frisch geriebene Muskatnuss

Salz und Pfeffer

1 Zwei Esslöffel Öl in einer großen, beschichteten Pfanne erhitzen. Die Pinienkerne zugeben und unter häufigem Rühren hellbraun rösten. Mit einem Schaumlöffel herausnehmen und auf Küchenpapier abtropfen lassen.

2 Die Hälfte der Zwiebel und des Knoblauchs in die Pfanne geben und weich dünsten. Die Hälfte des Guten Heinrichs zugeben und auf großer Flamme 4–5 Minuten weiter dünsten, bis die Blätter eingefallen und die meiste Flüssigkeit verdampft ist. Die Blattmischung in ein Sieb geben.

3 Zwei Esslöffel Öl in einem Topf erhitzen und den Rest Zwiebeln, Knoblauch und Guten Heinrich hineingeben. Die erste Blattmischung aus dem Sieb auf einen vorgewärmten Servierteller geben und nun die zweite Blattmischung in das Sieb füllen.

4 In der Zwischenzeit 1 Esslöffel Olivenöl mit dem Orangensaft und der -schale verquirlen. Mit Muskatnuss, Salz und Pfeffer würzen.

5 Die restliche Blattmischung auf den Servierteller geben und mit dem Dressing mischen. Mit den Pinienkernen bestreuen und servieren.

Rezepte

Queller mit Krabben

Ergibt 4 Portionen
Vorbereitungszeit 20 Min.
Kochzeit 25 Min.

250 g dünne Quellersprossen

375 g Frühkartoffeln

2 kg Krabbenfleisch

**4 EL Olivenöl,
zzgl. Öl zum Beträufeln**

4 EL Limettensaft

**6 Frühlingszwiebeln,
in Ringe geschnitten**

2 EL gehackter frischer Koriander

eine Prise Chilipulver

500 ml Mayonnaise

Salz und Pfeffer

1 Die Quellersprossen in einem großen Topf mit ungesalzenem, kochendem Wasser 1 Minute blanchieren. Abgießen und unter kaltem, fließendem Wasser abkühlen, trocken tupfen undbeiseite stellen.

2 Die Kartoffeln in einem Topf mit leicht gesalzenem Wasser 10–12 Minuten kochen. Abgießen, unter kaltem Wasser abkühlen und beiseitestellen.

3 Das Krabbenfleisch in eine große Schüssel geben, Öl, 2 Esslöffel Limettensaft, die Frühlingszwiebeln und den Koriander zugeben. Mit Chilipulver und Pfeffer würzen und gründlich mischen.

4 Die Mayonnaise mit dem restlichen Limettensaft verrühren und die Hälfte unter die gekochten Kartoffeln mischen. Die Quellersprossen mit etwas Öl beträufeln und auf den Tellern anrichten. Die Kartoffeln und die Krabbenmischung darauf verteilen und mit der restlichen Mayonnaise servieren.

See-Mangold-Cannelloni

Ergibt 4–6 Portionen
Vorbereitungszeit 20 Min.,
    zzgl. Abkühlzeit
Koch-/Backzeit 1 Std.

**750 g frische Blätter See-Mangold,
    ohne Stiel**

50 g Butter

**250 g Ricotta oder Hüttenkäse,
    durch ein Sieb gestrichen**

75 g Parmesan, gerieben

eine Prise geriebene Muskatnuss

2 große Eier

12 große Cannelloni-Rollen

1 TL Olivenöl

25 g Mehl

300 ml Milch

4 EL Getreidekleie

Salz und Pfeffer

1 Den See-Mangold waschen, die tropfnassen Blätter in einen Topf geben und 3–4 Minuten sanft dünsten, bis sie etwas eingefallen sind. Im Seiher abtropfen lassen, auspressen und fein hacken.

2 Die Hälfte der Butter in einem Topf zerlassen, die See-Mangold-Blätter hineingeben und gut umrühren. Vom Herd nehmen. Den Ricotta oder Hüttenkäse und die Hälfte des Parmesans unter die Blätter mischen und mit Salz, Pfeffer und Muskatnuss abschmecken, die Eier unterrühren. Beiseitestellen und abkühlen lassen.

3 Die Cannelloni-Rollen etwa 10 Minuten mit dem Öl in reichlich gesalzenem Wasser gerade bissfest kochen. Abgießen, in kaltem Wasser abkühlen und wieder abgießen. Gründlich mit Küchenpapier trocken tupfen. Beiseitestellen und abkühlen lassen.

4 Die restliche Butter in einem Topf zerlassen, das Mehl unterrühren und 1 Minute kochen. Vom Herd nehmen und allmählich die Milch unterrühren. Aufkochen, salzen, pfeffern und 5 Minuten köcheln lassen. Eventuell nochmals abschmecken.

5 Die Füllung mit einem Teelöffel in die Cannelloni-Rollen einfüllen und in eine gefettete, flache Backform legen. Mit der Sauce übergießen und den mit der Kleie gemischten Parmesan überstreuen. Im vorgeheizten Ofen, bei 180 °C oder Gasstufe 4, 35–40 Minuten backen, bis die Oberfläche braun und knusprig ist.

Gratinierter **Fenchel**

Ergibt 4 Portionen
Vorbereitungszeit 15 Min.
Kochzeit 30 Min.

625 g Fenchelknollen

1 dicke Zitronenscheibe

1 EL Pflanzenöl

25 g Butter

25 g geriebener Parmesan

Salz und Pfeffer

Fenchelgrün zum Garnieren

1 Die Fenchelknollen stutzen, evt. verfärbte Haut mit einem Kartoffelschäler abziehen und längs in 1,5 cm dicke Stücke schneiden. Mit einer Prise Salz, der Zitrone und dem Öl in einen Topf geben. Mit kochendem Wasser vollständig bedecken, etwa 20 Minuten zart kochen und gut abgießen.

2 Die Butter in einer Gratinform oder einer flachen, hitzefesten Kasserolle zerlassen, den Fenchel hineingeben und darin wenden. Salzen, pfeffern und mit dem Parmesan bestreuen.

3 Im vorgeheizten Grill hell bräunen. Mit dem Fenchelgrün garnieren und sofort servieren.

Meerkohl-Salat

Ergibt 4–6 Portionen
Vorbereitungszeit 20 Min.
Kochzeit 5 Min.

250 g grüne Bohnen

375 g Meerkohl

3 Scheiben Vollkornbrot, ohne Kruste

3 EL Olivenöl

1 Romana-Salat

50 g Pinienkerne, geröstet

50 g Parmesan, frisch gerieben

Dressing

2 EL Olivenöl

2 EL Apfelessig

1 Eigelb

1 Knoblauchzehe, zerdrückt

1 Die Bohnen und den Meerkohl in 5 cm lange Stücke schneiden und 2 Minuten in einem großen Topf mit kochendem Wasser blanchieren. Abgießen und in Eiswasser geben. Nochmals abgießen und in ein sauberes Küchentuch wickeln.

2 Das Brot in 1 cm große Würfel schneiden. Das Öl in einer Pfanne erhitzen, das Brot hineingeben und rundherum goldbraun braten. Auf Küchenpapier abtropfen lassen.

3 Den Salat waschen, trocknen und auf einer großen Servierplatte anrichten. Bohnen, Meerkohl, Croûtons, Pinienkerne und Parmesan mischen und auf den Salatblättern verteilen.

4 Für das Dressing alle Zutaten miteinander verquirlen. Über den Salat gießen und sofort servieren.

Rezepte

Würziger **Gänsefuß** mit Tomaten

Rezepte

Ergibt 4–6 Portionen
Vorbereitungszeit 15 Min.
Kochzeit 20–25 Min.

1 kg Blätter vom Weißen Gänsefuß

3 EL Pflanzenöl

2 große Zwiebeln,
in feine Scheiben geschnitten

2 Knoblauchzehen,
in feine Scheiben geschnitten

150 g frischer Ingwer, geschält und
in feine Scheiben geschnitten

2 TL Chilipulver

2 TL Kurkuma

2 TL Garam Masala

2 TL Koriandersamen

1 TL gemahlener Koriander

1 TL Kreuzkümmelsamen

425 g Tomaten aus der Dose

Salz und Pfeffer

1 Den Gänsefuß gründlich waschen und trocken schütteln. Gröbere Stiele entfernen und die Blätter in 2,5 cm breite Streifen schneiden.

2 Das Öl in einem großen, schweren Topf erhitzen, Zwiebeln und Knoblauch hineingeben und auf mittlerer Flamme etwa 5 Minuten braten, bis sie weich und golden sind.

3 Den Ingwer zugeben und 5–6 Minuten weiterbraten. Chilipulver, Kurkuma, Garam Masala, Kreuzkümmelsamen, Koriandersamen und -pulver unterrühren. Nach Geschmack salzen und pfeffern und 1 Minute kochen.

4 Den Gänsefuß gründlich untermischen. Die Tomaten samt Saft hinzufügen und unter Rühren aufkochen. Etwas Wasser zugeben, damit der Gänsefuß nicht am Topfboden anklebt. 5–10 Minuten köcheln lassen, bis die Blätter und Tomaten durchgekocht sind, sofort servieren.

Schopftintling-Suppe

Ergibt 4–6 Portionen
Vorbereitungszeit 20 Min.
Kochzeit 6–8 Min.

900 ml Hühnerbrühe

175 g Shrimps

**50 g eingelegtes Szechuan-Gemüse,
in Streifen geschnitten**

**50 g Bambussprossen aus der Dose,
abgetropft und zerkleinert**

4 Schopftintlinge

**2 Selleriestangen,
diagonal in Streifen geschnitten**

½ Gurke

2 EL chinesischer Wein oder Sherry

2 EL Sojasauce

1 EL Rotweinessig

25 g Schinken, gewürfelt

1 Frühlingszwiebel, fein gehackt

1 Die Brühe in einem großen, schweren Topf zum Kochen bringen, Shrimps, Szechuan-Gemüse, Bambussprossen, Pilze und Sellerie hineingeben und 5 Minuten köcheln lassen.

2 Die Gurke in 5 cm lange Stifte schneiden und mit dem Wein oder Sherry, Sojasauce, Essig und Schinken in den Topf geben und 1 weitere Minute kochen.

3 In vorgewärmte Suppenteller füllen, mit den Frühlingszwiebeln bestreuen und sofort servieren.

Morcheln mit Wildreis

Ergibt 2 Portionen
Vorbereitungszeit 10 Min.,
   zzgl. Einweichzeit
Kochzeit 30 Min.

150 g Wildreis, gründlich gespült

50 g Butter

**150 g frische Speisemorcheln,
   abgespült, gestutzt und längs
   halbiert**

75 ml Crème double

1 EL Weinbrand

Salz und Pfeffer

1 Den Reis in einen Topf mit leicht gesalzenem, kochendem Wasser geben und 18–20 Minuten kochen.

2 In der Zwischenzeit die Hälfte der Butter in einem schweren Topf zerlassen, die ganzen Pilze hineingeben und auf mittlerer Flamme 2–3 Minuten anbraten. Salzen, pfeffern, die Crème double und den Weinbrand zugeben. Die Temperatur reduzieren und weiterköcheln lassen, bis die Flüssigkeit fast vollständig verdampft ist. Die Pilze in eine Schüssel umfüllen, zudecken und warm stellen.

3 Die restliche Butter in einem Topf zerlassen, den Wildreis hineingeben und wieder aufwärmen, dabei umrühren, um die Körner mit der Butter zu überziehen. Nach Belieben würzen, die Pilze darauf verteilen und servieren.

Hopfensprossen mit Eiern

Ergibt 4 Portionen
  als Hauptgang
Vorbereitungszeit 15 Min.
Kochzeit 15 Min.

375 g junge Hopfentriebe

**4 Scheiben weißes Landbrot,
  1 cm dick, ohne Kruste**

50 g Butter, zerlassen

2 hart gekochte Eier, grob gehackt

Salz und Pfeffer

1 Die Hopfensprossen wie Spargel zubereiten: längs schälen, gründlich waschen und bündelweise zusammenbinden. Einen großen Topf leicht gesalzenes Wasser zum Kochen bringen, die Hopfensprossen hineingeben und etwa 10 Minuten kochen, bis sie zart sind (zum Überprüfen mit einem Holzspieß einstechen). In ein Sieb geben.

2 In der Zwischenzeit das Brot rösten und auf 4 Tellern anrichten. Die Hopfensprosse auf dem Brot anrichten, mit der zerlassenen Butter übergießen, mit den gehackten Eiern bestreuen und mit Salz und Pfeffer würzen. Sofort servieren.

Rezepte

Wildbeeren-Kompott

Ergibt 6 Portionen
Vorbereitungszeit 10 Min.,
zzgl. Abkühlzeit
Kochzeit 10 Min.

500 g gemischte Wildbeeren (Brombeeren, schwarze und rote Johannisbeeren)

125 g Zucker

250 g Himbeeren

Schlagsahne zum Servieren

1 Die Brombeeren und Johannisbeeren mit dem Zucker in einen schweren Topf geben. Auf kleiner Flamme unter gelegentlichem Rühren 10 Minuten sanft köcheln lassen.

2 Vom Herd nehmen, die Himbeeren zugeben, beiseitestellen und abkühlen lassen.

3 Die Früchte in kleine Schälchen füllen und mit Schlagsahne servieren.

Brombeer-Apfel-Streusel

Ergibt 4–6 Portionen
Vorbereitungszeit 20 Min.
Koch-/Backzeit 25–30 Min.

**500 g Kochäpfel, geschält, entkernt
und in Scheiben geschnitten**

1 EL Zitronensaft

50–75 g Zucker

50 ml Wasser

2 EL Zitrusfruchtmarmelade

125 g Brombeeren

Belag

40 g Butter, gewürfelt

75 g Mehl

40 g Demerara-Zucker

1 Die Äpfel mit dem Zitronensaft, Zucker (nach Geschmack) und Wasser in einen schweren Topf füllen und 3–5 Minuten kochen, bis die Äpfel weich werden. Die Marmelade und die Brombeeren untermischen und in eine flache, ofenfeste Form umfüllen.

2 In der Zwischenzeit den Belag zubereiten. Die Butter ins Mehl einarbeiten, den Zucker unterrühren und zu Streuseln verarbeiten.

3 Die Fruchtmischung mit den Streuseln bestreuen und leicht andrücken. In den vorgeheizten Ofen, auf 200 °C oder Gasstufe 6, stellen und 20–25 Minuten backen, bis die Streusel golden sind. Heiß oder kalt servieren.

Rezepte

Sommerliches
Kratzbeeren-Früchte-Dessert

Ergibt 4 Portionen
Vorbereitungszeit 20 Min.,
zzgl. Kühlzeit
Kochzeit 10–15 Min.

**500 g gemischte Beeren
(Brombeeren, schwarze und rote
Johannisbeeren)**

125 g Zucker

250 g Kratzbeeren (oder Himbeeren)

8 Scheiben Weißbrot, ohne Kruste

Schlagsahne zum Servieren

1 Die Brombeeren und Johannisbeeren mit dem Zucker in einen schweren Topf geben. Unter gelegentlichem Rühren 10–15 Minuten sachte köcheln, bis sie weich sind. Die Kratzbeeren zugeben und abkühlen lassen. Die Früchte abgießen, den Saft aufbewahren.

2 Drei Brotkreise mit dem Durchmesser einer 900-ml-Puddingschüssel ausschneiden. Das restliche Brot so schneiden, dass es in die Ränder der Schüssel passt. Das ganze Brot im aufbewahrten Fruchtsaft einweichen.

3 Den Schüsselboden mit einem Brotkreis und die Schüsselränder mit den angepassten Brotscheiben auslegen. Die Hälfte der Früchte hineingeben und mit einem zweiten Brotkreis bedecken. Die restlichen Früchte daraufgeben und mit dem letzten Brotkreis bedecken.

4 Mit einem Unterteller, der genau in die Schüssel passt, zudecken und mit einem 500-g-Gewicht beschweren. Über Nacht kalt stellen. Auf eine Servierplatte stürzen und den restlichen Fruchtsaft übergießen. Mit Schlagsahne servieren.

Stachelbeer-Hafer-Kuchen

Ergibt 4–6 Portionen
Vorbereitungszeit 25 Min.
Koch-/Backzeit 35–40 Min.

Teig

175 g Mehl

1 TL gemahlener Zimt

75 g kalte Butter, gewürfelt

25 g Kokosflocken

1 Eigelb

Füllung

500 g Stachelbeeren

25 g Kastorzucker

2 EL Orangensaft

50 g Butter

2 EL Zuckerrübensirup

50 g heller Muscovado-Zucker

50 g Haferflocken

25 g Kokosflocken

1 TL gemahlener Zimt

1 Für den Teig Mehl und Zimt in eine Schüssel geben, die Butter zugeben und mit den Fingern zu feinen Streuseln verarbeiten. Die Kokosflocken hinzufügen. Das Eigelb und 2–3 Esslöffel kaltes Wasser unterrühren und zu einem festen Teig verarbeiten.

2 Den Teig auf einer leicht bemehlten Arbeitsfläche kurz kneten, ausrollen und in eine Pastetenform (20 cm) legen. Mit zerknüllter Alufolie ausfüllen und im vorgeheizten Ofen, bei 200 °C oder Gasstufe 6, 15 Minuten backen. Die Temperatur auf 180 °C bzw. Gasstufe 4 herunterdrehen.

3 Die Stachelbeeren auf den Teig geben, mit Zucker bestreuen und mit dem Orangensaft beträufeln.

4 Butter, Sirup und Muskovado-Zucker in einem Topf erhitzen und glatt rühren. Vom Herd nehmen, Haferflocken, Kokosnuss und Zimt unterrühren.

5 Die Hafermischung auf den Früchten verteilen, den Kuchen zurück in den Ofen stellen und 20–25 Minuten backen, bis der Belag braun und die Früchte zart sind. Warm oder kalt servieren.

Beeren-Brûlée

Ergibt 4 Portionen
Vorbereitungszeit 10 Min.,
  zzgl. Kühlzeit
Kochzeit 2 Min.

250 g Heidelbeeren

250 g Himbeeren

**350 ml griechischer Joghurt oder
Frischkäse**

**4–6 EL weicher, dunkelbrauner
Zucker**

1 Die Heidelbeeren und Himbeeren mischen und in 4 hitzefeste Schälchen oder eine große Schale füllen.

2 Den Joghurt oder Frischkäse mit einem Löffel auf den Beeren verteilen, glatt streichen und über Nacht (oder wie benötigt) kalt stellen.

3 Den Joghurt oder Frischkäse mit einer gleichmäßigen Schicht Zucker bestreuen und die Schalen auf ein Backblech setzen. Im vorgeheizten Grill 1–2 Minuten erhitzen, bis der Zucker geschmolzen ist und vereinzelt Bläschen schlägt. Sofort servieren.

Holunderblüten-Stachelbeer-Pudding

Ergibt 6 Portionen
Vorbereitungszeit 20 Min.,
   zzgl. Kühlzeit
Kochzeit 15 Min.

500 g Stachelbeeren

450 ml Apfelsaft

4 Holunderblütenstände

75 g Zucker

1 TL Agar-Agar

75 ml Sahne

Minzezweige zum Dekorieren

1 Die Holunderblütenstände in ein Musselintuch wickeln oder in einen großen Teefilter geben und mit den Stachelbeeren und 300 ml Apfelsaft in einen Topf geben. Zudecken und kochen, bis die Stachelbeeren weich sind.

2 Die Blüten aus dem Topf nehmen und so viel Saft wie möglich herauspressen.

3 Die Früchte pürieren und durchsieben, um harte Stückchen zu entfernen. Den Zucker zugeben und unter Rühren auflösen. 75 ml des Pürees beiseitestellen.

4 Den restlichen Apfelsaft in einen kleinen Topf füllen, das Agar-Agar einstreuen und 5 Minuten ziehen lassen, aufkochen und 3 – 4 Minuten köcheln, bis es sich aufgelöst hat, dann zum Püree geben. Das Püree mit einem Löffel in 6 dekorative Formen je 125 ml einfüllen und im Kühlschrank fest werden lassen.

5 Die Sahne mit dem aufbewahrten Stachelbeer-Püree vermischen. Die Puddings auf kleine Servierteller stürzen, die Sauce ringsherum verteilen und mit Minzezweigen dekorieren.

Rezepte

Register

Danksagung

**Herausgeberin der
Originalausgabe** Jessica Cowie
Projektleiterin Emma Pattison
Bildredakteurin Leigh Jones
Designer 'ome Design
Herstellungsleiterin Lousie Hall
Bildarchivar Sophie Delpech

Bildnachweis Umschlag und Innenteil